走向素生活

舒惠国　石中元◎著

U0347572

中国言实出版社

图书在版编目(CIP)数据

走向素生活 / 舒惠国, 石中元著. –– 北京 : 中国
言实出版社, 2013.12
　　ISBN 978-7-5171-0283-0

　　Ⅰ.①走… Ⅱ.①舒… ②石… Ⅲ.①节能 – 普及读
物②环境保护 – 普及读物 Ⅳ.①TK01-49②X-49

　　中国版本图书馆CIP数据核字（2013）第312146号

责任编辑　王　宁　刘红兵

出版发行　中国言实出版社
　　　　　地　　址：北京市朝阳区北苑路180号加利大厦5号楼105室
　　　　　邮　　编：100101
　　　　　电　　话：64966714（发行部）　51147960（邮　购）
　　　　　　　　　　64924853（总编室）　51142381（三编部）
　　　　　网　　址：www.zgyscbs.cn
　　　　　E-mail：zgyscbs@263.net
经　　销　新华书店
印　　刷　北京凯达印务有限公司
版　　次　2014年1月第1版　2014年1月第1次印刷
规　　格　710毫米×1000毫米　1/16　13.5印张
字　　数　192千字
定　　价　29.80元　　ISBN 978-7-5171-0283-0

前　言

素雅行为，从现在做起……

生活中我们面临太多的选择。一些人把财富、权力和物质享受当作人生的最大追求。追求得越多，越觉得不满足；占有得越多，越觉得空虚和恐慌。现代都市人在长期的生活重压下或多或少心灵会被物欲占有，可怕的是虽深陷其中，却浑然不觉。比如炫富，比如信任危机，甚至亲朋之间的猜忌……当道德底线一再被突破，人就会把自己陷入可怕的恶性循环中而不能自拔。现代都市人的心灵危机，只不过有人意识到，有人没有意识到罢了。其实，人们空虚的往往是内在，而不是物质。内心的充实平和，远比光鲜的外在让人快乐。

如今，疲惫不堪的都市人越来越意识到，也许，简单自然的"素生活"才是抵御心灵危机的一剂良药。预防医学对健康的理解是："健康不仅仅是身体没有疾病和虚弱，而且是在精神上、社会适应上的完好状态。"也就是说，本书所提倡的素生活就是身心健康、人生幸福的总体状态。

随着物质生活的丰富，现代"富贵文明病"有愈演愈烈之势。这些健康问题大多数是由于长期不良的生活习惯造成的。在致病因素中，遗传因素占15%，医疗因素占8%，气候地理等自然和社会因素占17%，而个人的习惯行为、生活方式因素占60%。由此可见，绝大多数疾病通过提高保健意识，戒除不良生活方式是可以预防的。

一种顺其自然，简单朴素，还原自我，低碳环保的绿色生活方式，正在悄然地流行开来。这种简约时尚的生活方式，在让自己的身心得到释放的同时，又可以积极的回报生活，回报社会——我们称之为"素生活"——建议您细细思量，逐步尝试实行。

素生活衣妆　采用天然纤维（如棉、麻、丝绸、竹纤维），印染使用对人体不害的化学剂、色素，严格控制甲醛残留、卤化染色载体等有害物质，选择环保服饰，已成为我们的理性需求。

素生活饮食　素食基本是一种不食动物产品的食用方式（对于大多数人来说，少荤多素亦可以称之为素生活饮食）。从养生角度考虑，素食可以减少癌症发病率，减少血管疾病。

素生活家居　首选绿色环保型住宅，家庭装饰以木质、竹质和藤木为主。简化装修，避免石材中的氡气、家具中的甲醛等有害气体的入侵。素生活的家居应当是健康、环保、低碳。

素生活交通　提倡绿色（公共交通）出行。近距离出行倡导步行、骑自行车等低碳行为，既减少了环境污染，降低了温室效应，又锻炼了自己的体质。

过简单朴实的素生活　人们为了工作、学习、社交，成天忙忙碌碌，身心得不到放松和调整，时间长了身心必然承受不了。生活简单些，再简单些，不要把奢华当成必需。其一，精神简约，做到不趋众、不盲从，善于取舍。其二，心态平和。其三，生活简朴。新旧衣服都可穿，粗茶淡饭都有味。有道是：清风明月不要钱，简朴生活水长流。享受个人的宁静和惬意，让身体和心灵，都得到释放。

要有静心的境界　当代社会充斥着种种诱惑。如果我们自己不能"定下心来"，则心乱神迷、浮躁盲动；故"宁静以致远、淡泊以明志"，保持平和平静的心态，才能少忧释虑。累了要好好休息，错了别埋怨自己，苦后才是幸福的阶梯，伤了才懂得珍惜。人若修炼到"不以物喜、不以己悲"、物我两忘、清心寡欲，那就是高境界了。首先要做到的是让自己静下心来。你每天能静坐半小时吗？或闭目养神，或读书学习，或思考问题。

素衣——回归本体 道法自然

第一节　生态服装，素扮身形 / 002

第二节　妆饰得体，素扮美丽 / 012

第三节　简约妆扮，素饰大方 / 020

第四节　天然护养，素雅美颜 / 029

素食——均衡膳食 饮食科学

第一节　素食之风，蔚然兴起 / 036

第二节　平衡膳食，合理营养 / 043

第三节　以素养身，以素进补 / 049

第四节　素饮怡情，蔬果成饮 / 058

第五节　品茶静心——远向溪边寻活水，闲于竹里试阳芽 / 082

第六节　喝酒知性——饮酒不醉尚为高，近色不乱乃英豪 / 087

素居——生态环保　装饰淡雅

第一节　房屋装修——别把污染带回家 / 092

第二节　家庭装饰巧用绿化 / 096

第三节　预防居室"综合征" / 100

第四节　生态环保办公室成为时尚 / 106

第五节　福建永定土楼楹联——集教化、观赏、审美于一体 / 109

素行——绿色出行　返璞归真

第一节　怎样做到绿色出行 / 114

第二节　旅游——有格调的休闲，快乐地游玩 / 118

第三节　骑自行车——延庆人快乐的素生活 / 125

第四节　运动好比灵芝草，何必苦把仙方找 / 128

素用——简约生活　回归自然

第一节　家庭节约用水小窍门 / 146

第二节　家庭节约用电小窍门 / 151

第三节　避免污染的健康之道 / 160

第四节　家庭生活中的安全之道 / 165

素心——心气平和　事理通达

第一节　平常心态　自我欣赏 / 172

第二节　用音乐按摩心灵 / 178

第三节　不盲目攀比，想得开、看远点 / 181

第四节　让心灵悠游于平和自由之境 / 184

第五节　剖腹产，不利于孩子的健康和情商 / 187

探讨素生活

第一节　"素"在行为上的体现——"慢生活" / 190

第二节　衣食住行中的素生活 / 196

第三节　静气贵在"养"——舒惠国探讨"素生活" / 203

第四节　我们应过一种什么样的小康生活?

　　　　——石中元探讨"素生活" / 205

后　记 / 207

第一章 素衣——回归本体 道法自然

达尔文:"人类最高尚的特质是对所有生命的爱","爱动物是人类最尊贵的品德之一"。

达·芬奇的记事本上有很多关于素食的记录,他说:"我很早就不吃肉了。总有一天,人类会禁止杀害动物,就像现在人类禁止杀害同类一样。"爱因斯坦曾说,对身体最为有利、最有助于提高人均寿命的方法莫过于吃素了。

圣雄甘地从19岁开始就是素食者,他写了5本关于素食主义的著作。在书中,甘地写到:"我认为肉类食品不适合人类……一个国家伟不伟大、道德水准高不高,可以从它对待动物的方式评断出来……对我而言,羔羊的生命和人类的生命一样的珍贵,我可不愿意为了人类的身体而取走羔羊的性命。我认为越是无助的动物,人类越应该保护它,使它不受人类的残暴侵害。"

甘地认为,要消除暴力,人类就应当成为素食者,他说:"从某些方面说,人类精神的发展要求人们停止为了满足自身的需求而屠杀动物兄弟。""这个世界可以满足人类的需求,但满足不了人类的贪婪。"

第一节　生态服装，素扮身形

1. 对人体有益的生态环保服装

色彩鲜艳的时装，使人漂亮、精神，但不少人会对那些艳丽的衣服染色制品产生过敏，出现发红、灼热、斑疹、水泡、丘疹甚至糜烂、渗液等损害。如夹克衫引起的皮炎，常发生于手部与腕部；上装常在颈、腋和肘部屈侧；汗衫背心、胸罩、内裤、游泳衣则发生于胸、腹、背部；袜子在常系鞋带处最明显。由于皮肤受到一定的压力和摩擦，使纺织品的染料溶解于汗液之中，易与皮肤接触致病。要想预防纺织染料性皮炎，在购买衣服时最好选择不易脱色的纺织品，内衣裤以自然本色或白色为好。在衣服穿上身之前应清洗一次，以除去织物上残存的染料，如发现某种颜色的纺织品使您发生过敏性皮炎时，不宜再穿。

环保服装是指原料采用天然纤维（如棉、麻、丝绸、竹纤维），印染使用无害于人体的化学剂、色素，严格控制甲醛残留、卤化染色载体等有害物质，杜绝使用 22 种致癌中间体和相应的 100 余种燃料助剂、涂料以及 10 多种有害重金属而生产的服装。选择环保服饰，已成为消费者的理性需求。

生态环保服装体现了回归自然的生活哲学，充满了对生命、对大自然的热爱之情。一般来说，无害、无污染的环保服装，符合三个标准：一是简化。生产过程中不采用破坏生态环境的软化剂、漂白剂、染料和化学品，对人体无毒、无害，不会对环境造成污染；二是循环再造。所用材料采用可再生资源或可利用的废弃物；三是再用。包装用的纸袋由再造纸制成；生态服饰在其失去使用价值后，可回收再利用，或在自然条件下降解消化；鼓励把旧衣物捐献救灾，或转赠给慈善团体。香港的一些生态服装厂家设计概念是："在提高生活水平之余又不损害地球"。在制衣过程中减少使用有毒的化学物质，衣服能进行生物分解。同时，较多地采用手工制作，以此支持世界各地的小型工艺合作社，增加当地人民的就业机会，并且从哥伦比亚购买蚕丝，以鼓励当地农民以养蚕取代种植可卡因。这体现出了健康、博爱的人道主义，符合过一种简朴生活的绿色理念。

　　生态纺织品是指那些采用对周围环境无害或少害的原料并对人体健康无害的产品。生态纺织品应符合以下技术要求：（1）产品不得经过有氯漂白处理；（2）产品不得进行防霉蛀整理和阻燃整理；（3）产品中不得添加五氯苯酚和四氯苯酚；（4）产品不得有霉味、汽油味及有毒的芳香气味；（5）产品不得使用分解为有毒芳香胺染料的偶氮染料、可致癌的染料和可能引起过敏的染料；（6）产品中甲醛、可提取重金属含量、浸出液 PH 值、色牢度及杀虫剂留量均应符合环保要求。

舒适轻松的亚麻衣装

　　休闲一族往往喜好穿着轻薄舒适的亚麻面料的服装。亚麻是植物的皮层纤维，功能近似于人的肌肤，亚麻的细胞与人体表皮细胞高度相适应。其织物与皮肤接触即形成毛细现象，相当于皮肤的延伸，所以亚麻面料有着优良的透气和导热性能，拥有吸湿和排湿性能，在常温下能使人体温度下降 4℃以上，被称为"天然空调"。亚麻织物这些天然的优质特性，使其成为夏季服装的首选面料。

　　亚麻衣物略带自然光泽的表面会随身体形态产生恰到好处的褶皱，突显着装者的高雅气质。亚麻纤维具有极强的耐磨和耐拉性能，而亚麻面料却触感柔软、舒适，穿着轻松、活动自如，是男士喜爱的原因之一。

亚麻织物还具有很好的隔离化学、辐射、噪音和粉尘污染的效果，在夏季更能有效地阻挡太阳辐射。而其独特的抗菌抑菌性能，防静电无灰尘吸附和防腐抗蛀功效等诸多优点，成为公认的天然环保面料。

2. 少穿化纤品，常穿棉织衣

服装——它用非语言表达的方式推进了人与人之间的顺利交流。适合于东方女性的着装，穿戴后更显东方女性善良坚强、聪慧忠贞的气质。

什么材质的衣服对人的身体最好？一般而言，丝、棉、麻等天然纤维，都是好的衣料。其中，柔滑的丝绸具有亲肤性，高档衣服都采用丝绸，兼具舒适及美观。现代纺织科技的发达，使一些改进的化纤材料，也一改以往的不透气、闷热，其透气、吸湿、排汗的功能不比丝、麻、棉逊色；这些合成纤维丢到洗衣机里清洗，省事方便还不变形。

在纤维性植物中，棉花与人的皮肤靠近，它对冷风有不可替代的抵抗作用，透气、不带静电、没有光污染。棉织品不但对强光冷气等对身体不利的因素有隔离作用，而且吸水性能与保温功能好。想必大家都有这样的体验穿上一套纯棉内衣，睡到天明，便会有一种轻松清爽之感；而穿上一套腈纶或化纤内衣睡觉，第二天便有皮肤干燥发痒的感觉，甚至起红斑。化纤内衣没有保温透气作用，而棉布对人体有天然的亲和力。当衣着舒适时，身体与贴身内衣形成的体温为 32℃左右，相对湿度在 50% 左右，气流几乎是静止的。以棉花为主要质料的生态服装，能使身体周围形成温、湿度适宜的"小气候"。

购买绿色认证的服装。获得绿色认证的服装上标有"中国环境标志"字样，说明产品在生产、消费和再回收过程中，对人类和环境无害或通过相应措施能够减少对人体的危害。我们手中的钞票就像是"绿色的选票"，哪种产品符合环保要求，对人体健康有好处，我们就选购哪种产品，这样它就会在市场上占有越来越多的份额；哪种产品不符合环保要求，我们就不买它，这样它就会被逐渐淘汰，或被迫转产为符合环保要求的绿色产品。

3. 教你选购儿童环保服饰

一件适合儿童穿着的绿色环保服装，应该远离有毒化学品和非天然的染料，让孩子在健康安全的环境中成长。儿童的衣服本身清洗频率高，宜选购柔软舒适，适合手洗并且易干的面料。

避免购买涤纶、聚酯纤维等材质的衣物。这些材质不但舒适程度不及纯棉或有机面料，生产制作过程中消耗的能源也远超自然面料，且不利于回收再利用。

注意染色成分。关注有关部门发布的品牌安全度评价，符合要求的面料应该不含重金属，对身体无害。

避免购买皮革制品。皮革的防腐处理会使用大量化学添加物，其中含有甲醛，这些物质可能使人体致癌。另外皮革制品的生产过程也会产生大量废水。

购买亚麻质地服装或有机棉的衣服。亚麻质地服装透气性好，适合婴幼儿穿着。有机棉质地的服装不含漂白剂，可以避免对孩子皮肤造成刺激。

选购穿用童装时，通过选、闻、洗、观等方法加以鉴别——

选：不要购买色彩特别鲜艳浓重的服装，这类童装中的甲醛含量高。浅色服装是最好的选择，因为深色服装经孩子穿着磨擦，易使染料脱落渗入皮肤，特别是一些婴幼儿爱咬嚼衣服，染料及化学制剂会因此进入孩子体内，损伤身体。闻：闻一闻童装上是否有浓重的刺激气味，需要打开外包装袋仔细辨别。洗：童装买回家后，不要迫不及待地给孩子穿上，最好用清水充分漂洗后再穿，特别是贴身的内衣内裤，以免对儿童健康不利。观：给孩子穿上新衣服后，如出现皮肤过敏、情绪不安、饮食不佳、连续咳嗽等症状，要尽快换衣服并赶快去医院诊治。

4. 怎么保养丝绵服装

好的丝绵光泽好，色泽洁白，无绵块、绵筋、杂质，手感柔滑，弹性好，拉力强，厚薄均匀。但丝绸的缺点是：吸湿性大，缩水率高，抗皱性弱，所以掌握科学的穿用和保养方法十分重要。

穿用：丝绸服装一次穿用时间不宜过长，要勤洗勤换。热天最好不要贴身穿，以避免过多的汗液使服装变色变质。避免穿着丝绸服装在席子、藤椅、木板等粗糙物上睡觉，以防止挑丝。另外，盐、碱对丝绸的破坏性较大。穿丝绸服装时，应避免与含盐、碱的物质接触。

洗涤：最好选用中性皂片或高档洗涤剂。先用热水溶解皂片或化开洗涤剂，待冷却后，再放入衣服。洗时，要避免拧绞，用手搓揉即可。最后，要把皂液完全冲净。洗涤深色丝绸时，只能在净水中投漂，而不能使用皂片或洗涤剂，以防出现皂渍和泛白现象。为避免颜色鲜艳的丝绸服装掉色，洗时可放少许食盐。

晾晒：晾丝绸服装只宜挂在通风处阴干，而不能放在阳光下暴晒，待晾至八成干时，可以白布覆盖，用熨斗熨烫平整，温度不能高于130度，否则会损伤衣料。洗过的真丝衣服，一般很难熨平，但若把它装进尼龙袋，放入电冰箱内冻上片刻，取出来再熨，效果较理想。

缝制：因丝绸织物的悬垂性强，故选择款式时，应以舒展的式样为好。胸围、袖笼应略放大一些，而肩部和领圈则不宜放大，裁剪前应将面料先在温水里浸透，然后晾至七成干时再烫干熨平。缝制时宜用9号机针和缩过水的细线，底面线不宜过紧，针码以每寸15针为宜。缝头以不低于1厘米为好，目的是为防止花边滑脱。

旧衣变新潮

裤子太短，剪成短裤。旧的牛仔裤式样过时，就把它剪短，或到小腿中部，或到膝盖，或干脆剪短成"热裤"样。剪短后的裤子再加贴边，或者拆掉部分纬纱，在裤腿边处形成须状垂纱，别具一格。裤腿太宽，缝进一点儿，变小裤腿。裤腿太小了，也能变花样，拆掉最底下一段缝线，给裤脚开个衩，照样很不错。

裙子太短，找些花边、碎布，加在裙摆底边处，缝一圈两圈都可以，马上就是一条有特色的长裙。

不喜欢圆领了可以把领剪大些，低圆领、V型领、口型领或鸡心领，成为新潮。

5. 竹纤维服装进入了我们的日常生活

从服饰方面看，竹对中国人的衣饰起源和发展起着重要作用。秦汉时期就出现用竹制布，取竹制冠，用竹做防雨用品的竹斗笠、竹伞、竹鞋，一直沿用至今。竹布在唐代曾是岭南地区一些州县的重要贡品之一，竹是古代人装饰的材料。

竹纤维服装是以竹纤维为原材料，生产出的一种集健康、环保和美观于一体的新型健康服装。用竹纤维纺织品制成的各类衣物（如毛巾、底裤、衣衫）凉爽、柔滑、光泽好，上色性好、吸湿性好，透气性居各纤维之首，是大豆蛋白纤维之后又一种新型的环保纤维。这种健康环保舒适的产品正在被越来越多的人们接受，逐渐成为时尚、健康、生活品位的代名词

竹纤维服装有四个特点：（1）吸湿透气，冬暖夏凉。竹纤维横截面布满了大大小小椭圆形的孔隙，可以瞬间吸收并蒸发大量的水分，称为"会呼吸"

的纤维。其吸湿性、透气性也位居各大纺织纤维之首，穿着十分舒适。（2）手感柔滑软暖，似"绫罗绸缎"。竹纤维服装具有单位细度细、手感柔软；白度好、色彩亮丽；韧性及耐磨性强，有独特的回弹性。（3）抑菌抗菌，杀菌率达 75%。在 12 小时内竹纤维的杀菌率在 63%-92.8%。因此，竹纤维服装也有着很好的抑菌抗菌的功效。（4）绿色环保，抗紫外线。具有竹子天然的防螨、防臭、防虫和产生负离子特性，紫外线的阻挡率是棉的 417 倍，阻挡率接近 100%，因此，竹纤维服装正被越来越多注重素生活的人们所青睐。

竹纤维服装注意事项：（1）穿着过程中注意避免尖刺物直接接触，以免刮纱，损害表面。（2）不宜用力搓洗，拧干和长时间浸泡。因竹纤维服装本身具有抗菌抑菌功能，只需随洗随浸。（3）缓和手洗，温水（40℃以下水温）洗涤，不宜与化纤织物同机洗涤。不要用洗衣粉和洗洁净洗，最好用中性洗衣液清洗，如果要用洗衣机要用轻柔模式洗的，最好手洗，若用强碱性洗涤剂用力搓洗则容易破坏它的织物结构。

发展砍不败的竹产业

在人们的衣食住用行中，都可见到竹子的身影。竹简、竹纸、竹笔、竹笋、竹席等竹产品被人们广泛使用。从食用方面看，竹笋和竹荪是极受人们喜爱的美味山珍，竹实是历代救荒的重要作物原料。先秦文献中记载，3000 多年前的竹笋就是席上珍馐。竹的全身都是宝，叶、实、根及茎秆加工制成的竹茹、竹沥，都是疗疾效果显著的药用材料，竹黄、竹荪也是治病的良药。

竹子是地球上生长速度最快的植物之一，成材周期短，一般 3 至 5 年即可成材成林，一次造林，可永续利用，成林后必须每年间伐，常伐常新，10 多年不伐反而会开花死亡。自古民间就有"留三砍四不过七"的说法，意即幼竹不好用，4 年成竹即需砍伐，时间长到 7 年竹质老化就不便利用了。我国十大竹乡的经验已证明，只要合理有度，竹产业不仅"砍不败"，甚至会越砍越兴盛，是优良的可持续发展资源。

同面积的竹林比树林可多释放 35％的氧气，竹资源增加又使竹林成为旅游胜地。一般 3 至 5 年即可成材成林，常伐常新，一次造林，可永续利用。发展"砍不败"的竹产业，缓解木材供需矛盾，对我国天然林保护工程的顺利实施和生态环境保护意义重大。

6. 成功男士的着装

服装是个人生活方式、价值观念的一种表达方式。俗话说：人靠衣装马靠鞍。尽管不应以貌取人，不应仅凭衣着来评判人，但一个人的外在形象，一个人的着装影响着外界对待他的态度。正如形象设计大师罗伯特·庞德（美）所说，服装是视觉工具，你的整体展示——服装、身体、面目、态度为你打开凯旋之门，你的出现向世界传递你的权威、可信度。

职业男士成功的方程式就是：努力工作＋着装整洁。服装干净、整洁、笔挺地去上班，表示重视工作，想干一番事业。服装的背部最好不要有皱纹，免得看起来邋遢。为了避免服装出现过多的皱纹，坐的时候，最好要挺直腰杆，不要整个人像垮了一样，将全身的重量都坐到椅子上去，另外尽可能别将背部紧贴椅背，免得服装出现皱纹。而不得已必须久坐时，最好能将上衣装脱下来，细心地折妥置于膝上，或挂衣帽钩上。

衣服干洗有损健康

目前干洗最普遍的溶剂是四氯乙烯，而皮肤会吸收四氯乙烯的气体，可能致癌。同时它会伤害肝的功能，使中枢神经系统衰弱，引起头昏眼花、恶心等症状。

如果你的衣服一定需要干洗的话，当干洗的衣物拿回家时，请立即将塑料袋拿掉，并将衣物挂在通风的地方，让衣物上的干洗剂挥发掉。

有些人喜欢衣物增白后的透亮干净，白光耀眼，其实对身体不利。荧光增白剂是一种化学增白染料，它进入人体后很难排出体外，加重了肝脏的负担。而且荧光剂对人体皮肤易产生刺激。

7. 识别"绿色衣装"小诀窍

不少人穿着新买的服装后出现痒痛、红肿等病症，还以为是自己皮肤过敏，其实是衣服的材料中加入了甲醛、清洁剂、荧光增白剂等有毒物质。

在纺织品和衣料中，为了起到防腐防皱的效果，添加了微量的甲醛，由于含量很小，一般不会对人体造成什么危害，但少数过敏性体质的人容易引起过敏性皮炎。有的人觉得衣服都是新制作的，又用塑料袋包装得严严实实，很干净，买回去不洗就直接穿，这往往容易引起过敏或其他疾病。衣服在制作过程中会沾染许多灰尘和病菌，衣料和颜料中含有各种化学成分。提醒人们，新衣服买来后不要直接穿，特别是内衣，用清水漂洗，通风晾干，这样可以清除衣服上的灰尘，使衣料里面所含的甲醛尽可能挥发。

何为绿色衣装？绿色生态服装使人体免受化学物质的伤害，并具有无毒、安全的优点，而且在使用和穿着时，给人以舒适、轻松、消除疲劳的感觉。对皮肤无刺激，透气性能良好的纯棉服装及无公害、无刺激的丝绸、毛、麻等纤维织物，被人们称为绿色衣装。识别绿色衣装小诀窍：（1）细看标签。新开发的"绿色服装"有别于其他的衣服。绿色服装的标签上都印有生态指数。一般采用以下几种形式：禁止规定、限量规定、色牢度等级、主要评价指标等。买到印有生态指数标签的服装，可以放心地穿着。（2）触摸。一些色彩鲜艳的服装，如红色、紫色等颜色，色牢度不够，很容易掉色，你可以沾一点水触摸一下，如手指上染有颜色，劝你不要购买。涂料印花织物，也可以通过触摸来鉴别，如果印花部分手感很硬，它就不适合贴身穿着。（3）嗅。闻一闻是否有霉味、汽油味及有毒的芳香气味；对于那种一拿到手就有浓重气味的服装不宜购买。（4）比较。买衣服时不要"贪小便宜"。那些街边小摊的衣服，很有可能是散流在外的不合格产品，应尽量到大型商场和品牌店购买。

大方得体的职业人士的衣装

（1）装束打扮与职业相称，与自己的个性相符。（2）打扮不过于华丽、鲜艳，选择优雅、大方的着装，以显示出稳重、严谨、文雅的职业形象。女性描眉搽粉，项链、耳环、戒指都戴上，这样会给用人单位一种轻浮的印象。如果是男士，宜采用深色西装，再配上白色、浅灰色或浅蓝色衬衣，打上款式简洁的领带。（3）发型整齐，给人精神的感觉。皮鞋不能有灰尘或者脏污。在工作场合服饰整洁、简单、大方、庄重一点为好。

第二节　妆饰得体，素扮美丽

1. 根据脸型造发型，轻松自在做美人

怎样的女人才算是美女呢？有人做了社会调查，结果显示对男性来说，美女的标准有五条：（1）美丽的脸庞；（2）顾盼生辉的明眸；（3）玲珑曼妙的身材；（4）拥有一头美丽的丝丝秀发；（5）良好的时尚感。

人的脸型分为圆型脸、方型脸、长方型脸、三角型脸、倒三角型脸、菱型脸、椭圆型脸。根据脸型选择发型，通过种种梳理技巧，巧妙地借助头发的掩盖或衬托作用，使上述不够匀称的问题，处理得和谐，给人美好的感觉。

（1）三角型脸：顶尖、额窄、腮宽，形成上小下大的特点。设计发型时首先用刘海遮去发际尖端，两侧鬓发横向拉开，使额角尽可能形成造型开阔的视觉感觉。采用上大下小使顶部的轮廓放大，呈平原形，下部轮廓收小，两腮处发型呈弧型线向面部中心靠拢，遮去过宽的两腮。

（2）菱型脸：特点是尖顶、窄额、颧骨突出横阔，下巴尖，脸部伸长，如同橄榄形状。设计发型时，额前需留发来遮盖额尖发际，不宜中间分缝，以避免额尖与颌尖所呈现的对角线式的菱形结构；顶部头发适当放大、蓬松些。太阳穴边的鬓发，梳理向外展开，以加强额角宽度。

（3）方型脸：一般都是额角阔，两腮突出及下鄂部横阔，棱角突出，显得方正。根据方中切角成圆的道理，发式的外轮廓应以圆套方，额前两角可用刘海遮盖。线条要明朗；头顶蓬松高耸，加长头部的长度；两侧发型收紧，

呈弧型紧贴两腮，整个发型均用弧线，减弱和改变方脸型的感觉。

（4）长型脸：特点是额前发际较高，额腮成一直线与宽度差不多，脖子也较长。有时因脸部清瘦或五官稍长，不够匀称，会产生过长的感觉。设计发型时避免梳高发型，不宜留中分。可选择松散的发型，头顶平覆，额前留刘海。适当下垂至眉下，两侧头发可稍长，均宜用曲线、弧线来表现，增加起伏感而破直线脸型轮廓，从而减弱长脸型的感觉，使之舒展、松散，增加横向形体面积。

（5）圆型脸：选择发型时要考虑圆脸的特点，运用衬托法和遮盖法。额前不宜有刘海，避免圆型的发型和横线条。可采用分缝方法，破圆以显露额角，头顶头发蓬松些，两侧收紧，使脸型向长线条发展。

（6）瓜子型脸：又称椭圆型脸。轮廓匀称，比例协调，是女性中比较标准的脸型。

头饰点缀，给人意外的惊喜

在平时生活中，人们有自己的固定发型，但如果参加一些音乐会、舞会等正式场合，选择合适的发型，也是女性常用心的问题。其实大可不必多虑，俗话说："美在自然中"，自然、和谐就是美。只要自认为是合适的发型上，稍加修饰即可。比如用少许头饰点缀，佩戴一件别致的发夹，束一条发带，插一朵小花等等。不仅能产生一种新的形象，也能令人在视觉上迥然不同，会收到意想不到的效果。使人体味到你的格调和艺术品味。

在短发上佩一发带，给人以简练、整洁之美感——适合椭圆型脸和圆型脸。垂肩长发，飘逸秀美，颇有神韵，一条有弹性的针织发带，交叉头顶，系在头后，让人看上去舒服、顺眼，才能达到美的效果。

任何一种发型都好，直发沉稳、浪漫、飘逸；卷发妩媚、蓬松、活泼。选择发型除了要与脸型相协调外，还要根据自己的年龄、性格、特点进行考虑。高个子可选择长发、直发、烫卷发，显得高雅；矮个子可选择短发、盘头，以秀气、精干，小巧玲珑为美。做到型神统一，互为表里，体现自然美和修饰美的统一。

2. 女士的三围保养与"六忌"

女士的三围保养：（1）胸围。如果没有足够的承重力的胸罩去承托自身乳房的重量，天长日久，会加速乳房的下垂和松弛，因此，要戴合尺寸、承重力足的材料制成的乳罩。不能图方便、贪凉快，而不戴胸罩，这样不但会加速乳房的松弛和下垂，也同时会使胸肌的结实度、颈部皮肤受到影响。常做胸部扩张运动，可使乳房保持弹性和结实。（2）腰围。常做腰部体育运动，并用优质通风的腰带可防腰部肌肉松弛。（3）臀围。穿弹性好且能包裹整个臀部和腹部的内裤，这样会减少腹部和臀部下垂的程度。

女士穿着"六忌"：文雅端庄，富于活力的夏装最能显示女人的韵味。但，在包装自己时有"六忌"：一忌过分透明。过分透明给人轻浮、妩媚、感觉。二忌随便。宽松舒适的休闲服装并不是随便穿出来的，装束既要愉悦自己又要和周围环境相融和。三忌累赘。将自己一层层裹起来，如同画蛇添足。比如短裤、短裙下又穿长筒丝袜，背心上又加披肩，显得不伦不类，谈不上美感。四忌劣质。来历不明的所谓"洋货"，暗藏着污染，尤其是与皮肤接触的胸罩、短裤、汗衫，更要注意卫生。五忌刺眼。夏季的强光，忌穿大红大蓝等扎眼颜色的衣服，而素雅柔和的色调却给人一种清凉之感。六忌比例失调。夏装的上轻下重或上重下轻，都会破坏均衡美，如裙子与高帮鞋搭配。

高跟鞋带来的腰痛、颈痛

一些新潮女性喜欢穿高跟鞋，走起路来婀娜多姿，富有体态美。有的女鞋后跟高达3.8至4厘米，更有甚都在4.5厘米以上。殊不知，一双不合适的鞋子，会使脚局部神经麻痹，进而由脚部扩展到全身，影响人体的血液循环及神经系统。不少女士腰痛、颈痛，常常是由于穿了不合适的鞋子。因此，当您在选购鞋子的时候应以穿着舒适为第一。一双好鞋应具备以下几点：（1）鞋头不尖不窄。鞋头过尖过窄不好，会导致脚趾畸形和指甲内陷。买鞋时，应挑选在脚拇指前方尚留有一指宽余地。以足趾能够自由松动，不被箍得太紧为佳；（2）从侧面看，脚趾接触鞋面的部分，如果没有弹性，不能上下屈伸自如，那就不是好鞋。鞋后跟不能太高，不能有歪斜；（3）鞋后跟的弯面弧度，应该与脚的大小吻合。从脚趾至脚后跟的长度，鞋子应长出5-8毫米为合适；（4）脚后跟是否安稳贴切，鞋跟以硬实能够固定住脚后跟为佳，如果是松松软软，不能使脚后跟固定，走路便容易摔倒。

3. 乌黑柔亮的秀发——青春美丽的象征

东方人的秀发向来以乌黑发亮为美，现在的一些女士喜欢把头发染成各种颜色，殊不知，许多外国女子十分羡慕中国姑娘的一头乌黑柔亮的秀发，将其视作青春美丽的代名词。乌黑润泽的秀发显示出东方女性的美，淡淡的妆容，给人自然淳朴的印象；如果你有乌黑亮丽的头发，建议你不要烫、不要染，选用品质好的洗发护发产品，保持头发的弹性紧密、柔顺光泽。

经常洗发护发，头发漂亮干净，能给你带来自信。尤其是年轻人皮脂分泌多，新陈代谢旺，可以勤洗头（一周3至4次）。另外，常在室外活动的人，细菌、花粉、灰尘容易粘附在头皮上，宜洗头发。有人认为洗发太勤会造成脱发，其实不是这样的。洗发和脱发应该说没有必然的联系，我们每个人大概拥有10万根头发，男性每根头发的寿命一般为2至5年，女性为4至6年。一个人每天脱发80至100根以内，属于正常的新陈代谢过程，只要不超过这个范围就没有担心的必要。

洗头要用37-40℃的温水。可使毛孔张开，彻底清除污垢，用冷水的话会使毛孔收缩，无法彻底清除毛孔内的污垢。洗头时可用手指轻轻按摩头皮，以促进头皮的血液循环，改善头发的养分供应，这样有利于头发生长，促进发质光亮。在此提醒：不能用长指甲用力抓头皮，这样易使头皮溃破反而引起感染。

头发分油性、中性、干性，洗发时应根据个人不同的发质选择不同的洗发水。洗完后用护发素，因为用洗发水洗去污垢的同时，也洗掉了对头发保养来说是必要的油脂。头发的皮脂腺较丰富，适量的油脂既能保持头发的水分，也有一定的抑菌、营养和滋润作用。洗发后，护发素可以起到补充的作用。

4. 染发不当生隐患

眼下，染发之风渐盛，将黑发染成金发、绿发、红发。"萝卜白菜，各有所爱"，穿衣打扮，各有喜好，这并没有什么可指责之处，但染发与健康的关系却应当引起重视。

长期使用染发剂，有潜在的危害。美国食品和药物管理局统计，每一品牌染发剂，每万人使用，其中有15.2个人有不良反应。美国接触性皮炎协会研究认为，染发剂有致皮炎的可能，但不经常染发的人，不致引起后遗症。美国曾进行过染发剂喂养动物的实验，导致动物甲状腺癌、肝癌和基因突变。英国学者提出，经常染发者其患乳腺癌的机会会增加。美发师经常使用染发剂，有较高的肺癌发病率。但这些试验和观点尚未被全社会认可和接受。虽然对染发剂的致癌性尚无定论，但染发剂可引起皮肤过敏，对头发发质有一定损害，对头皮有刺激作用，则是不容置疑的。

人们的体质不同，对染发剂中的各种成份反应也不同。有的人能适应，而有的人在使用染发剂后出现过敏反应，如头皮发痒、疼痛。有的人会得荨麻疹，还有的人会引起发热、红肿等全身性反应。因此，不要经常染发，染发时不要让染发剂在头上停留的时间过长。组成头发的基本物质是蛋白质，如果染发、烫发所用的化学药剂已超过头发的抵抗程度，蛋白质就要受到破坏，头发会受到损伤。因此，烫发、染发之后，要认真冲洗干净，尽量减少药剂在头发上的残留量。

慎用芳香剂，小心"香晕"

一般来说，自然的花香，杀毒祛菌，有益健康；但香气走窜，过浓易耗散正气，可出现头晕等诸多不适，故古代医学家有香气致病"香晕"一说。而人工合成的芳香剂，无论香型为清香也好，浓香也好，都有危害。危害程度取决于芳香剂的成分和吸入量。芳香剂喷出后，形成颗粒物弥漫在空气中。这些挥发性物质进入人的呼吸道后，对肺部和眼黏膜产生直接刺激，损害肺功能，引起咳嗽和眼部不适。有的人在喷洒过香水的环境中待上一段时间，会出现皮肤瘙痒、头晕咳嗽、恶心呕吐。患有过敏性哮喘、皮炎、呼吸系统疾病的人，应尽量少接触香水或芳香剂。尤其是孕妇，在衣着化妆中，最好不要喷洒香水。工作场所使用的芳香剂，只是一种气味对另一种气味的遮盖。超浓的"香味"使人有窒息的感觉。净化室内空气，开窗通风、种花养草为好。

什么人不宜烫发：（1）对冷烫精或其他化妆品有过敏反应者，烫发易致敏；（2）过敏体质者在患荨麻疹、湿疹、过敏性鼻炎、支气管哮喘等病期间切忌烫发；（3）头皮破损、头皮上长疮、疖等或发质不好，头发分裂、分叉的人，烫发会引起中毒或头发发干、折断；（4）肝炎、肺炎、结核等多病者不宜烫发；（5）因各种原因脱发者，不宜烫发；（6）孕妇及产后半年内的妇女，不宜烫发；（7）长期露天工作的人，头发发质受到阳光中紫外线的损害，若再烫发对头发不利；（8）刚经过染发、漂白、拉直或冷、热烫的头发，不宜在短期内烫发。

5. 鲜果护发有奇效

脱发的原因有很多：化学治疗、药物、疾病、饮食不均衡、营养不良、工作压力等等。男士方面，通常是因为遗传、荷尔蒙的影响；女性可能是发生在产后或是更年期，但最常见的因素是头发保养不当，经常的染发烫发等。不管是什么因素造成的脱发，不外乎是微血管循环不良，堵塞毛孔，养分没办法送入毛发细胞中导致的脱发。因此，要加强营养补充，加速血液循环，调节皮脂分泌。除了天天按摩，天天梳理外，一个简单的办法是鲜果护发。

（1）柠檬润发露。1至2杯柠檬汁，2杯水。将原料混合在一起，在每次用香波洗净头发之后，均匀地涂抹在头上，最好自然干燥；最好不要使用吹风机等加热器，以免对头皮产生伤害。（2）菜油护发素。将2汤匙菜油原料涂在干的头发上，然后用宽木梳将其梳理进头发，二十分钟后将头发洗净。为了获得好的效果，可以用热毛巾将头发包住焗一下。（3）芦荟凝胶滋润头皮。芦荟向头发提供多种维生素和氨基酸，能使头发变得光华亮泽、富有弹性。芦荟有调理皮脂分泌，杀灭头皮中的真菌，增加头发的保湿功效。在洗净头发时用芦荟凝胶滋润头皮，在仔细梳理后保留5-10分钟后，洗净即可。

另外，食盐可治脱发。用100克-150克食盐投入半盆温水中溶解，先把全部头发浸入，加以揉搓几分钟，尔后加适量的洗发精（自己任意挑选），继续在温盐水中浴洗，等洗净油污后，再用清水洗头发。

6. 皂角树的价值

皂角是一种常绿乔木（皂角树）的果实，果实像牛角，长有半尺七寸不等，有清洁功能。过去，许多人都用来洗头或洗衣服。方法是用皂角煮水洗头，常用皂角洗头，头发黑又亮，可惜现在人们用洗发液，却忘了角皂的功能。

皂角树的药用价值：（1）皂角果可用于祛风痰，除湿毒、杀虫、治中风头痛、口眼歪斜、咳嗽痰喘、便血便毒、疮癣疥癞。（2）皂角刺可用于拔毒、消肿、排脓、治痛肿、疮毒、疠风、癣疮、胎衣不下。（3）皂角叶、根、皮含少量生物碱。可用于预防高血压病、支气管哮喘、消化性溃疡及慢性胆囊炎等。（4）皂角籽：味辛甘、有小毒、润燥、通便、祛风消肿的药用功能。

皂角树的经济价值：（1）可提取多种化工原料。（2）皂角树的材质坚硬，肉质细腻，是制作家具的上等之树。（3）皂角树叶密、花型好看，树型好，极少有病虫害，是城市绿化的优良品种。

皂角树，耐干旱，耐酷暑，耐严寒，根系发达，树龄长，树冠大，是退耕还林，保护生态环境，尤其是我国西部治理沙尘暴的上上之选。

第三节　简约妆扮，素饰大方

1. 红颜常驻有良方

（1）西瓜皮美容法　用西瓜皮擦洗面部皮肤，几分钟后，再用清水洗净，涂上一点面霜。长期坚持，可使面部皮肤白皙细嫩。

（2）甜菜美容法　用甜菜（若无甜菜，可用石榴、樱桃代替）切片涂擦前额和面颊，待甜菜汁干后，再薄薄涂上一层润肤霜。会使脸色苍白的人显得皮肤红润。

（3）西红柿美容法　将西红柿切碎，装入碗内，用汤匙挤出果汁，并加入少许的蜂蜜，涂擦于面部和手臂，二十分钟后用清水洗净。一日数次，可使皮肤渐渐变白，还能淡化雀斑。

（4）芦荟美容法　取鲜芦荟叶一片，先用剪刀剪下一小段，再剪去两边的小刺，并从中间切开，将切开的小段芦荟放在皮肤上涂擦，几分钟后，皮肤逐渐收紧。十分钟后，把涂擦的皮肤清洗干净；坚持涂擦，原本皮肤的粗糙、细纹等现象将减轻。在晚上睡觉前用芦荟汁敷面，或者在芦荟汁中加入适当的蜂蜜面粉，做成面膜敷在脸上，一段时间后，就会发现脸上的斑点淡了许多。

（5）葡萄美容法　葡萄含有大量的抗氧化物，如儿茶酸、香草酸、肉桂酸及原花色素等。这些天然的抗氧化物对于对抗皮肤的氧化功效显着，对于减缓皱纹的出现有一定作用。

（6）绿茶美容法　绿茶含有浓缩的多酚，是有效的抗自由基因子。经常喝绿茶可以帮助排出身体中的废物。将喝过的茶叶包放在冰箱里冰镇一会儿，拿出来敷在眼睛上十分钟，会有效缓解眼疲劳。

（7）茶糖美容法　将红茶和红糖各两汤匙，加水煎煮，以面粉打基底调匀敷面，十五分钟后，再用湿毛巾擦净面部。每日涂敷一次，会改善脸部皮肤。

（8）醋敷美容法　醋与甘油以5:1的比例调配，涂抹于面部。坚持涂敷，容颜会变得细嫩。

（9）食盐美容法　一般来说，经过一周左右的食盐美容，就能使面部呈现出一种鲜嫩、透明的靓丽之感。食盐美容的具体步骤（提醒：不要把盐水涂在眼睛周围，以防止盐水刺激眼睛，造成眼结膜损伤）：洗脸后，把一小勺细盐放在左手掌心中，加水3-5滴，再用右手食指和中指的指尖仔细将盐和水搅拌均匀，然后沾着盐水从额部自上而下的搽抹，边搽边做环形按摩。几分钟后，待脸上的盐水干透呈白粉状时，先用温水将脸洗净，然后涂上一层营养液。一般每天早晚各做一次。

不要忽视戴首饰引起的疾病

最常见的是首饰皮炎，其中以戴金银项链、耳环者为多。主要症状是在戴首饰的部位出现红斑、脱皮、丘疹或水疱，有瘙痒、烧灼之感。这是由于首饰磨破皮肤，使金银等化学物质成为致敏源。其次是戒指病。有些人怕戒指丢失，用线把接头缠得很紧，箍在手上。时间长了，影响手指血液循环，引起局部坏死或手指畸形。到了夏天出汗较多，戒指造成局部潮湿，霉菌生长，易患手癣。

夏季，天热出汗多。若佩戴项链等金属饰物，因为汗液的浸渍作用，使得金属饰物上的污染物发挥作用，引起皮炎。因此，最好在晚上休息时，将这些饰物取下来，洗净抹干，并将金属饰物接触的皮肤擦洗干净，以防发生皮炎。金属类的首饰还是少戴为好，一些有过敏体质的人一般以不戴首饰为宜。

外美是表,而内壮是本。如果你经常喜笑颜开、精神愉快,能使表情肌肉舒展开来,有助于面部肌肉的血液循环,增加皮肤的弹性;而乐观生活,厚道处世,才为健康之法。

2. 花花草草能美容

杏花、桃花 杏花若干,桃花若干,以清水浸 7 日,相次洗面,能使脸面纯净红润。

茉莉花 茉莉花若干,与麻油混蒸,取液,每日清晨抹头发上,可使头发亮泽。

牵牛花 紫牵牛 5 朵、鸡蛋清一个,混合捣碎,夜涂面部,除热去风,祛斑减皱,治粉刺。

金盏花 金盏花与白酒以 1:10 的比例泡于浓度为 40 度的白酒中,用此溶液涂擦或冷敷皮,可缓解皮炎、头发脱落和脂溢性皮炎。

药用甘菊 药用甘菊含有香精油,有止痒、止痛作用。因此甘菊浸汁能用于缓解晒伤和皮肤干燥症。用甘菊剂洗头可使头发逐渐变成金黄色。

金丝桃 含有 10% 的丹宁酸、甘菊色素和维生素 A、C。具有消毒和粘合性能。1:15 的溶液能治疗脂溢性皮炎和痤疮、丘疹,并可促使化脓性皮炎愈合。

植物油 如亚麻油、核桃油、大麻油、向日葵油等可使皮肤柔软细嫩。可用这些油涂擦手指、手心与手背,也可涂擦面部与脖子。

马铃薯汁 用擦板把干净的马铃薯擦碎,然后用擦碎的鲜马铃薯包贴在患处,两小时一换,可有效缓解湿疹、烫伤、皮炎及化脓性蜂窝组织炎。

鲜药用蜀葵根 鲜药用蜀葵根的粘液对面部脂溢性皮炎和过敏性痤疮有抑制作用。把根捣碎,用 1:10 浸泡,然后把水滤掉,用汁液来擦洗面部。

3．如今流行"美人水"——丝瓜赛过美容霜

丝瓜浑身都是宝，不仅营养丰富，而且还有美容价值。据媒体报道，在日本崎玉县新座市有位名叫平林英子的女作家，她虽然已过八旬耄耋之年，却仍然是颜面红润、光泽，没有皱纹。她自称从来没有用过美容霜和抗皱膏之类的化妆品，只是每天清晨用药棉蘸上丝瓜汁液涂于脸面，几十年如一日，从未间断过。这一美容秘方是她母亲祖传的，她母亲常用丝瓜汁液涂搽脸部，活了90多岁而无皱纹。丝瓜可以美容的消息在新闻媒体报道后，科学家对丝瓜进行了分析研究，认为丝瓜汁液中所含的多种营养成分，具有活血消炎、清热解毒、利水润肤、通经达络、防日晒等功能。

丝瓜中含防止皮肤老化的 B 族维生素，增白皮肤的维生素 C 等成分，能保护皮肤、消除斑块，使皮肤洁白、细嫩，故丝瓜汁有"美人水"之称。女士多吃丝瓜还对调理月经有帮助

长期食用丝瓜或用丝瓜液擦脸，具有美容嫩肤，抗皱消炎，预防和消除痤疮及黑色素沉着的特殊作用。所以丝瓜是淡化雀斑、增白、去除皱纹的不可多得的天然美容剂，如今流行的丝瓜水，就受到很多爱美女生的欢迎，丝瓜水又称天罗水，由于它出色的美容功效又赢得了"美人水"的雅称。将丝瓜藤剪断，插入瓶中，沥出水液此之谓"美人水"。

丝瓜美容法

（1）将丝瓜直接绞汁或洗净擦干切碎，用洁净的纱布包好挤出汁液，调入等量的药用酒精和优质蜂蜜或甘油，混合调匀，均匀地涂抹于面部、手臂上，20 分钟后用清水洗去。每天早晚涂搽一次，连续一个月可改善皮肤皱纹，使皮肤富于弹性。

（2）在 1500-2000 毫升温水里，加入丝瓜汁 75-100 毫升，用其洗脸，每天 1-2 次连续一个月左右，有除皱效果。

（3）在新鲜丝瓜汁中，加适量小麦淀粉，及冷开水，调成糊状，即成"丝瓜汁面膜"，睡觉前先用此面膜涂于脸上，15-20分钟后用清水洗净。每周可用2-3次，可调节面部皮脂分泌，使皮肤更加白皙细嫩。

（4）每晚临睡前把脸洗净，用切成片的嫩丝瓜均匀覆盖于脸面，10-15分钟后揭去并洗脸。用嫩丝瓜反复涂擦患部，还可预防顽癣。

（5）用鲜丝瓜叶煎汁洗澡，可洁肤除皱、清暑解毒，也可防治痱子。鲜丝瓜茎，取汁，用以涂擦患处，可以预防粉刺。

（6）防晒丝瓜面膜：丝瓜1根，冰牛奶，蜂蜜适量。把丝瓜洗净，切块，用榨汁机榨取原汁。将丝瓜汁混入冰牛奶、蜂蜜，调成糊状。将丝瓜面膜敷在脸上和脖颈等处的肌肤上。15-20分钟后，用清水洗净。此面膜有滋养肌肤的作用，还可以淡化斑点。

（7）丝瓜柠檬美白敷：丝瓜半根，柠檬半个，牛奶适量。将丝瓜和柠檬洗净、切碎，放入榨汁机中榨汁。将汁液加入牛奶，混合均匀，敷于面部。10-15后将面膜洗去。此面膜长期使用，可使皮肤白皙细腻。长期坚持，还具有消除痤疮、色素沉着的效果。

小提示：丝瓜汁制好后应尽快使用，用不完的放入冰箱，随用随取。

丝瓜制品行销海内外

成熟丝瓜络透水透气，是用来做厨房清洁的抹布，或是做鞋垫的好材料。现在经过专业加工的丝瓜络在洗浴、足部保健、玩具坐垫等应用。

据重庆农技推广总站介绍，2004年东明公司在巫山县钱家、楚阳、石碑等乡镇组织农户发展丝瓜生产，共种植丝瓜1100亩，产丝瓜64万条，加工出洁净丝瓜络20万个，儿童枕芯5000个，丝瓜鞋垫20000双。2005年6月，重庆巫山县400双丝瓜瓢环保拖鞋，由江苏省淮安市一进出口公司"贴牌"后销往法国和德国。

4．植物沐浴能去病

植物沐浴既可避免一般沐浴露中化学成分对人体所产生的副作用，又简便易行。

（1）菊科植物沐浴 鲜菊花500~800克，加水放入锅内，菊花适量煎汁，去渣后加入浴水，一刻钟后洗浴，有散风去热、平肝明目的功效。此法宜于伏案工作者。菊花汁可饮用，夏季与绿茶同饮，清热解暑。 蓟草浴。蓟草是一种菊科植物，有止血、散瘀的功能。将其洗净放入锅内，加水煎熬半小时左右，过滤去渣，晾温即可洗浴。有止血的功效可增加皮肤的弹性。

（2）薄荷浴 取鲜薄荷200克或干薄荷50克放入锅内，加水煎取药液，倒入浴盆即可。夏季常用此法，可预防湿疹、痱子，止痒止燥。

（3）桑叶浴 将干桑叶100克左右放入锅内，煮熬10~15分钟后，倒入浴盆即可。经过霜雪的桑叶，性味甘苦而寒，具有明目醒脑功效。

保护双手的简捷法

按摩双手：每天适时地对双手进行按摩，可以有效地促进手部的血液循环，也有助于冻疮的治疗。如在按摩前，涂上按摩膏或是橄榄油，也可以用专用的植物油反复揉搓双手，效果更好。

用磨砂膏护手：如果双手粗糙干燥，可以先用温热水浸泡，然后用磨砂膏在手指上轻轻按摩，会使其变得细腻滑润。

戴橡胶手套干活：做家务时，不妨戴上一副橡胶手套。因为厨房中的清洁用品化学成分高，碱性大，会吸掉手上的油脂。手套最好放在厨房的方便之处，在需要的时候随时戴上。

（4）香汤浴 具有芳香味的中草药，如佩兰、泽兰、白芷、丁香、当归、

紫苏……这些药材在沐浴过程中，易被人体吸收。香汤不仅能提神醒脑，更能抑杀皮肤上一些致病的细菌，防治皮肤感染，同时对于一些慢性疾病如关节炎，慢性盆腔炎等具有一定防治效果。

5．简简单单美容法

（1）冷热水美容法　冷水法：每天坚持用冷水洗脸，可以刺激面部皮肤的微循环，加速新陈代谢，使面部皮肤红润，皱纹减少，此法对皮肤干燥者较为适宜。冷水法可从夏秋时节开始，逐渐过度到冬天。热敷法：准备一盆热水，水中可加入几滴食醋，以较厚毛巾在热水中浸后拧干敷于脸上，反复数次，其后再搽上润面霜，稍按摩一下，能使面部光滑、洁净。冷热交替法：温水和凉水交替洗脸的好处是：热水可以消除面部皮肤的污物，冷水可以促进血液循环，增强皮肤弹性。

（2）熏气法　将脸洗净，取脸盆、深碗或大杯，在其中装满热水，把面部置于上，约熏 10 分钟，再以温水及冷水洗净。这样能够软化皮脂腺内的堵塞物，使皮肤洁净、嫩润，并能补充皮肤细胞新陈代谢所需水分。此法更适用于油性皮肤的人。

（3）米糠擦拭法　把米糠装入棉袋里，浸入稍热的水中，轻轻摇荡三四次，取出后，就可以用它来擦拭皮肤或面部。米糠中的营养素将渗入皮肤里，使皮肤光泽。每隔 2-3 天用米糠袋擦一次，持续三个月后粗糙的皮肤显得细腻光滑。米糠里含有丰富的脂肪及维他命 B1、B2，这些营养素都能被皮肤直接吸收，但是，必须选择完全没有杂质的米糠才可见功效，否则将会伤害皮肤。

（4）涂抹法　把柠檬汁直接抹在皮肤上面，实施按摩疗法。因为柠檬含有维他命 C 及果胶等，能够使皮肤的角质软化，使难看的皮肤变得细腻光泽。把生蛋白涂在皮肤上，可溶掉死皮。蛋白干后用清水洗净，然后搽上紧肤水及润肤品。把棉花团在冻奶中浸湿，取出后敷眼 5 分钟。之后再在眼皮上铺两薄片梨或菠萝，可去眼肿。把半匙干麦片与1/8匙蜜糖及一匙牛奶混合成糊，涂在嘴唇上按摩，然后以清水洗净，嘴唇光华润泽。

（5）交替敷面法 黄瓜、西红柿、酸奶以及蛋清交替敷面，能促进表皮新陈代谢，有软化角质，促进其脱落的作用，每天交替用其敷面，可缓解皱纹的生成。

6．延缓衰老有办法

人的衰老从面部皮肤开始，原来紧绷、有弹性、光泽滋润的皮肤慢慢地松驰下来了，皮肤一松就形成皱纹。"三化"，即环境老化、自然老化、光老化加速了皮肤的衰老。主要有一是环境老化：主要有空气污染、吸烟、尘土和未洗掉的化妆品所引起的。如果尘土、油烟或未洗干净的化妆品留在脸上，长此以往会使肌肤粗糙或阻塞毛孔。吸烟对肌肤非常不利，由于烟草中含氧自由基，会增加皱纹。从长远来说，吸烟者的肌肤看上去比非吸烟者老化5年。二是自然老化：皮肤在不断更新，新细胞不断在真皮中产生，并随时间推移不断向皮肤表面移动，在不知不觉中脱落。这个过程大概在28天左右，人们往往意识不到它的发生。但由于年龄的增长和精神压力的增加，皮肤在新陈代谢中慢慢变得黯淡无光、粗糙不平，毛孔变大。三是光老化：风吹日晒、野外日照，长期紫外线伤害，皮肤内部架构的变化加快，导致皮肤皱纹加深，这是皮肤老化的主要因素。

皱纹最早出现在眼角周围，笑的时候最明显。一般而言，白皮肤的人比黑皮肤的人出现皱纹早一些，干性皮肤的比油性皮肤的出现早一些。如注意保护，能有效延缓衰老，推迟皱纹的出现，办法是：

（1）避免烈日下暴晒和寒风中猛吹，因为日光中紫外线会加速皮肤老化，而干冷的寒风会使皮肤失去水分；（2）保持乐观开朗的情绪，切忌暴躁、忧郁。不要经常熬夜，夜生活要适度，早睡早起，睡眠充足是养护好皮肤的前提；

（3）戒烟戒酒，不暴饮暴食，去掉不良的生活习惯；（4）不要用碱性肥皂洗脸，洗脸以后涂上护肤霜，做一次面部按摩。深层清洁（去除尘土，清洗毛孔，轻柔的按摩）；（5）含维生素、矿物质的食物会使皮肤增加弹性和韧性。常吃些蛋白质食物，如蹄膀、猪皮冻等；（6）核桃、花生、芝麻、枸杞子和花粉、银耳等是防衰老的首选食品；（7）不要过多重复那些容易引起皱纹的表情，如皱眉、眯眼，伤心流泪等；（8）化妆宜施淡妆。少用含有色素、香精的化妆品，因为化妆品中的色素和香精大多是促使皮肤老化的化学物质；（9）不要在脸上随便抹药，经常使用会使皮肤萎缩、色素增加；（10）进行适当的体育锻炼，促使面部及全身的血液循环，加速新陈代谢。

睡眠美容八法则

　　（1）晚餐中尽量避免酒类饮品，以免晨起时面部及眼睛四周浮肿。（2）睡前清洁脸妆，但清洁方法不当，容易使眼睛红肿。用棉球蘸眼部清洁液，放在眼皮及睫毛上10-20秒钟，再用棉花轻轻擦拭干净。（3）睡前用水浸泡过的茶袋压在眼皮上10分钟，再涂上眼霜。（4）清洗脸部后，用棉球蘸收敛化妆水拍打，并抹上乳液再睡。（5）油质或易长粉刺的肌肤不妨尝试整夜使用面膜，会有效果。（6）在指甲根部抹维生素E油，轻轻按摩，再用护手霜按摩双手。（7）睡前用热水泡脚，然后在脚上涂抹乳液，反复按摩脚趾、脚底、脚面。（8）容易失眠的人，睡前喝点蜂蜜，有助于睡眠。每晚1至2汤匙，每天2至4汤匙为宜。睡前喝杯牛奶，有松弛神经之效。

第四节　天然护养，素雅美颜

1. 忌浓装艳抹，宜天然护养

适宜地选用化妆品可以护肤、美容，但浓妆艳抹会适得其反。尤其是轻信广告，滥用劣质化妆品，往往会给你带来极大的痛苦和精神上的负担。

化妆品离不开颜色和香味这两个条件，这正是化妆品的魅力之所在，也是人们在使用化妆品时最大的隐患。近代合成化学的突飞猛进，使焦油色素迅速渗透入各种化妆品中，色彩鲜艳的水粉、口红、眉笔及指甲油中都含有焦油色素。凡是长期浓装艳抹的人，皮肤最容易变粗糙、出现色素斑及小皱纹，这就是焦油色素的典型副作用表现。口红是女性最常用的化妆品，一般由酸性染料曙红与羊毛脂及蜡质等成分组成，涂在口唇上的口红几乎有一半要进入体内，一方面因曙红不是食用色素，对人体是有害的；另一方面，羊毛脂能吸收口唇中的水分，并能吸附灰尘与细菌。所以经常使用口红，嘴唇易脱皮老化。每次使用口红后，一定要在卸装时立即擦去。不管你使用什么样的化妆品，请在每晚睡觉前将化妆品洗涤干净，同时洗去面部灰尘、细菌和汗液，以保持皮肤的健康。

40岁以上的女性要使自己外表看起来比实际年龄更年轻，在化妆上须掌握"简单就是美"的原则。化妆愈淡愈好，发型愈自然愈好，皮肤保养愈天然愈好。过于频繁的化妆和养护，反而使皮肤受到伤害。有的人长期使用磨砂膏、敷面剂去除老化的角质层，以促进皮肤成长，却常因不得法而导致皮肤出现干燥、皱纹等老化现象，反而弄巧成拙。护肤品以植物性的天然成分为佳，保养频率要适度。

化妆的目的在于遮掩脸部的缺点和美化皮肤，使自己看起来更为亮丽、动人，因此愈是懂得化妆的人，化妆得愈清淡自然而不着痕迹，看不出来的化妆才是高明的化妆。

2. 忌随意整形手术，宜自然化装

现在的美容手术可以说是包罗万象，眼、鼻、额、耳，乳房、腹部，几乎从头发到脚趾都可以做手术。"美容是塔尖外科，其他手术尚能二次修补，而美容只能是一次性。"手术美容买不到后悔药，不是成功就是失败。因此，如没有必要，即不是先天性生理上的缺陷，请你慎重对待之，能不做手术的尽量不要做，免得"花钱买痛苦"。殊不知，三流的化妆是脸上的化妆，二流的化妆是衣服的化妆，一流的化装是精神上的化妆。真正的"美容"是风度和文化气质的流露，是真才实学和运动锻炼后的生命力的张扬。过分依靠脂粉其实是一种自卑的表现。

3. 忌强烈日光暴晒，宜适当体育运动

阳光辐射强度不足及强烈日光下的暴晒，对皮肤同样有不良影响。如长时间缺乏阳光照射，黑发会变白，皮肤会变得苍白无光泽。适度的阳光辐射对皮肤是有益的，它可促进皮肤的新陈代谢，改善营养状况、加速再生修复能力。阳光辐射还可提高水盐代谢，改善排汗机能，对生长发育和皮肤光洁有良好的促进作用。同时，太阳辐射光谱中的紫外线能提高血液的杀菌能力，增强机体免疫力，还可提高细胞组织的氧化过程，使脂肪酶更为活跃，促进

营养物质代谢，并有脱敏作用，使皮肤恢复光泽。因此，对那些出行有车、办公住所封闭、日常生活中缺乏自然光照射者，应适当增加户外锻炼。

过强的太阳辐射持久地作用于人体可引起皮肤损伤，引发日旋光性皮炎，皮肤出现红斑、瘙痒、水疱和水肿等，甚至形成皮肤瘤。红外线可使皮肤温度升高至 40 度或更高，导致轻度烧伤，并引起全身反应。所以，在太阳辐射过强的盛夏时期——上午 10 时至下午 4 时，人们外出时应备有防护用品，如太阳帽、遮阳伞等，以保护皮肤免受暴烈日光照射。

4. 忌滥用美发品，宜简单造型

为了年轻漂亮，不少人使用染发剂。但染发剂色泽不自然，显得欲盖弥彰。要限制购置过多的美发品，要避免把含酒精及其他化学成分的染发剂涂到发根上，很多人乐意把钱花在洗发水和定型用品上，而对脏兮兮的发梳却视若无睹，殊不知，脏的发梳是藏匿细菌令头皮发痒的重要原因。如果你梳理头发的程序变得愈来愈复杂，你就已修饰过度了。

时髦的发型不一定在每个人身上都能达到相同的效果。如果不能适合个人脸型和气质，新潮的发式常常反成败笔。发型的选取以不随波逐流的简单造型为佳。科技发达、资讯互通，时尚已打破地域，因此流行的重要因素变成了"个人"。每一个人都可以参考流行趋势，找到适合自己的风格。只要是适合自己的，最能表现"个人特色"的就是好发型。

5. 忌不清洁的化妆品，宜少用护肤霜

长期使用高效人工合成化学用品，对人体有害。不少人使用的化妆品造成面部红肿、痒痛。买化妆品，除了注意生产日期，更要注意成分表，学会

分辨防腐剂、色素、学会识别香料中的毒性；最好购买天然化妆品。

　　脏的眉刷、粉扑等，内藏细菌，会导致皮肤炎症，因此每次使用后，都要认真清洗，眉刷应用酒精刷净；化妆品本身也可能成为有害细菌的藏身之处，所以用后应旋紧盖子，一旦变色变味，不宜再用，可以送交回收垃圾站。

　　忌用过量的润肤霜。肌体如人体一样，需要呼吸，日常生活中许多女性为了保养皮肤，搽润肤霜，且喜欢油腻浓香型的，这样反而会使毛孔堵塞，面上长满"痘痘"，影响皮肤美观和健康。正确的护肤方法是：根据季节和肌肤性质，选一种少香精不油腻的天然护肤霜。晚上和卸装入睡前，可少用或不用护肤霜，让毛孔舒展、自如地呼吸。

6. 忌睡眠太少，宜早睡早起

　　长期过夜生活，到半夜三更还在娱乐，可以说是"阴阳颠倒"，违反人体生物钟的节律。睡眠不足的后果是双眼布满血丝，眼圈发黑，皮肤晦暗苍白。"日落而息，日出而作"，与阳光空气亲近，符合天体运行的规律。如果你养成了早睡早起，起居定时，饮食定量，乐观向上，性格开朗，又能经常锻炼身体的习惯，那么你就会有精、气、神，使你看起来比实际年纪年轻5-10岁。使用合适的保养品，只能帮你减缓皮肤衰老，不能把你变年轻。你想年轻漂亮吗？那么，就应养成早睡早起，饮食定时定量的好习惯。

7. 忌过度节食，宜运动减肥

　　现在热衷于减肥的人主要是青年女性和中年妇女，她们当中有的是病态肥胖，有的则体重正常，只是外表显得胖一些，为单纯追求体型美而节食减肥，结果体型变化不大，反而会引起贫血、月经不调及免疫功能下降。过分节食会使指甲和头发变脆，导致血糖水分降低，使人无精打采，降低新陈代谢率。

医学研究表明，女性肥胖者中，有许多人体内脂肪大部分聚积于臀部和大腿的皮下组织中，而腰部脂肪较少，属于梨形肥胖，而梨形肥胖的特点是肥胖者的体重可超过正常标准的20%，梨形肥胖并不增加患其他疾病的危险。因而，爱美就不要随意减肥，"瘦就是美"的观念并不是真理。让身材有曲线，比例均匀才是你要追求的目标。

用减肥药物须慎重，减肥药物的选择与服用应在医生指导下进行。目前尚未有任何可供长期使用、安全而副作用小的减肥药物。减肥食品对减肥有积极作用，是一种辅助性的减肥措施，但迷信减肥保健品的功能而放弃体育运动是不可取的。

可行的减肥方法是将饮食疗法与运动疗法结合起来，改变不良的饮食习惯（暴饮暴食，进食速度过快等）。脂肪过多堆积的原因，一方面是摄入过多，另一方面是新陈代谢低下。要消除过多的脂肪，最主要的是进行运动，使每天摄入的食物和消耗的能量保持平衡。特别要指出的是，保持平衡不是来自节食，而是通过运动。因为体育运动能促进人体的新陈代谢，促进各个器官的发展，能去掉体内过多的脂肪。

常年坚持体育运动会增加肌肉力量，提高新陈代谢，并能让人乐观开朗。经常跑步做操、打拳游泳，或做仰卧推举杠铃，情绪中的紧张、沮丧和愤怒等因素就会明显减轻。你可以试着锻炼30分钟会发现自己不良情绪有所缓解。总而言之，减肥无捷径可走，培养健康的饮食习惯，坚持常年的体育运动，才是每一位减肥者终生受益的良方。

8. 忌"人云亦云"、宜自信自强

美容护肤切不可"人云亦云"。欧美流行日光浴，将皮肤晒成古铜色，被认为健康和富有；如果黄种人也涂上油到阳光下暴晒，其结果是东施效颦，适得其反。

人云亦云是一种美容强迫症，当一种观念被不恰当地强调，便会在人的精神上产生压力，甚至导致病态心理。如不少女性所患的厌食症，实质上是一种美容强迫症。美容强迫症带来了美容后遗症，特别是当美容医学技术被不恰当地应用时，会对人的健康产生消极影响。如20世纪80年代初，风靡一时的液体硅胶"隆鼻术"、"隆胸术"，给不少女士造成了终身痛苦。女人追求美是为了从中找到自信，而不是一味地讨好别人。有首歌唱道："为了让自己看了也高兴、漂亮一下又何妨。"总之，不要盲目追随不适合自己个性的时尚与潮流。

做一个"巧笑倩兮，美目盼兮"的有文化风度的女士

每天早上，爽肤、润肤、粉底液、胭脂、口红、防晒霜……光化妆就用去30多分钟。晚上睡觉前，也是左一层右一层地抹，可结果却没能抵挡住过敏的烦扰，皮肤不但经常红肿痒，毛孔还越来越粗大。不少人疑惑起来，为何小时候什么都不抹，皮肤油光水滑的，现在成天呵护，反倒皮肤状况却越来越差了？

经常化妆，特别是化彩妆的人，容易堵塞皮肤毛孔，导致暗疮的形成。尤其是夜间，皮肤需要休养生息，如果涂抹过多的化妆品，会影响皮肤的新陈代谢。如果用了低劣的化妆品，时间长了，容易重金属超标，对皮肤的伤害更严重。

都说"女为悦己者容"，男人真的喜欢化妆的女人吗？在一项调查中，绝大多数男人喜欢化淡妆或不化妆的女人，对浓妆艳抹的女人反而敬而远之。他们认为，化了妆的女人就好像戴了一副假面具，让人觉得不自信，而且卸了妆后，反差太大，让人觉得不舒服。大多数男人喜欢"巧笑倩兮，美目盼兮"的有文化风度的女士。

第二章 素食——均衡膳食 饮食科学

━━━━━━━━━━━━━━━━━━━━● 素食名言 ●━━━━━━━━━━━━━━━━━━━━

到处都能买到水果、坚果以及蔬菜，为什么要吃宛如兄弟姊妹般的动物呢？——海伦·尼尔

成千上万人说他们爱动物，但每天坐下来一两次享受动物的血肉，这些动物的权利完全被剥夺；它们被剥夺生存的权利，它们忍受可怕的痛苦虐待，它们忍受恐怖的屠宰场。惟有了解，我们才关心。惟有关心，我们才会采取行动。惟有行动，生命才会有希望。——珍·古道尔

我在年轻的时候便开始吃素，我相信有那么一天，所有的人会以他们现在看待人类互相残杀的心态，来看待谋杀动物的行为。——达·芬奇

对于上帝——伟大的主人——所创造的万物都要仁慈、怜悯以待，不可以殴打或施加痛苦于那些野兽、小鸟甚至昆虫身上；绝不能拿石头丢狗或猫。——凯西顿

当你看到被带往屠宰场的动物那种无助的样子，你为什么会感到痛苦呢？那是因为在你心底深处感觉到杀害不会反抗而且无罪的动物是多么地残酷和不义。听从你内在觉醒的声音吧！避免肉食，勿以杀害无罪的动物为乐。——斯特鲁威

第一节 素食之风，蔚然兴起

1. 英美素食风尚

工业革命所导致的一项副作用便是肉类保存容易、运送方便，使市场上肉食的消费量剧增，同时罹患致命疾病的人数也剧增，如癌症、心脏血管疾病、糖尿病、肥胖症等，这些病几乎都是"吃出来"的。过度的肉食饮食习惯不仅威胁人们的健康，还造成了全球环境恶化以及对动物权利的侵害。

2011年11月11日，英国环境部长班·布雷德修（Ben Bradshaw）在英国政府设立的新网站上公开表示："舍弃肉食，将对气候变迁的缓和大有帮助"，他呼吁消费者避食肉类、乳制品和非当季生产的蔬果来帮助地球。吃牛肉、羊肉、鸡肉和乳制品会助长全球暖化，是因为豢养动物需要能源和土地。人们只要在日常饮食中多摄取一些水果蔬菜，少吃饱和脂肪，就能获益良多。根据英国的民意调查，愈来愈多英国人成为素食者。英国最早的素食人口记录是在1945年，依据当时食品配给记录，有10万人吃素。至1997年，根据全国意见调查结果，在英国每六人之中便有一人是素食者或是有心想成为素食者。1998年同样的调查显示，在英国约有400万人，也就是全国人口的7%是素食者，而且82%的英国人认为选择素食的人将会愈来愈多。按目前素食者增长速度计算，到2030年英国人将全部成为素食者。

所谓素食是指以植物、菌类、豆制品为原料而烹制成的饮食。素食主义早期在美国并不盛行，一直到1971年法兰西斯·莫尔·拉彼的畅销书《一个小星球的饮食》才改变了人们的想法。拉彼惊讶地发现，在美国的农村，动物每年产生粪便 20 亿吨，是人类粪便的 10 倍，为了种植牧草养牛而砍伐原始森林，生产一小块牛排，以 100 多种鸟类、动物栖息地被永久破坏为代价。生产 1 公斤动物性蛋白质所耗用的水量，是生产 0.5 公斤植物蛋白质所用水量的 15 倍。全球的淡水，有 50% 专供牲口饮用及清洁，并且 2/3 的谷物都用来喂养牲口。人们为了生产一份肉食，需要花费 14 倍的粮食来喂食动物，这着实是一个浪费。当年 26 岁的拉彼为了鼓励人们食用非肉类性食品，以避免浪费粮食，撰写了《一个小星球的饮食》，此书不但成为畅销书，也同时推动了美国素食风潮。

古罗马角斗士，竟然是素食者

科学家们通过对世界上最大的古罗马角斗士墓地研究发现，古罗马角斗士虽然力大无比，但是，他们却是纯粹的素食者，他们只吃一些大麦和豆类食品。这是科学家们通过对最近在以弗所发现的 70 多具角斗士尸体骨骼进行分析后得出的结论。

人类学家通过化学实验对角斗士骨骼进行了分析后发现，他们的骨骼组织密度也比现代运动员的密度高很多。角斗士们所食用的只是大麦和豆类食品，每天吃这种食品，使他们变得强壮。主要原因可能是为了增加脂肪以保护自己的神经和血管系统。专家们还发现，既吃肉又吃菜的人，其骨骼中含有的锌和锶是平衡的，而角斗士的骨骼中的锶非常高，锌却少之又少，这也证明角斗士是素食者。

美国另一位作家约翰·罗宾，1987 年撰写的新书《新美国的饮食》，纠正了人们的一个误会：如果素食者不吃足够的蛋乳类食物，就会死亡。作者在书中揭露了饲养场的恐怖内幕，描述了肉食如何致命，以及素食所能带给人们安全健康的好处。《新美国的饮食》在美国再度掀起了素食运动的风潮，诸多民间素食团体相继成立，一部《吃素，不要吃你的朋友》的录像带，使成千上万青少年戒了荤。在美国有超过 1200 万人选择终身吃素，还有不少人已减少肉类的摄取量、多摄取蔬果，以改善自己的饮食结构。

2. 素食的体育名星

（1）莎拉·斯图尔特——纯素食的残奥会篮球运动员

莎拉·斯图尔特 16 岁时在一次事故中受伤，造成脊髓萎缩，后来成为澳大利亚女子轮椅篮球选手，为澳大利亚的女子轮椅篮球队在雅典和北京两届残奥会上赢得了银牌和铜牌。斯图尔特在 2012 年伦敦奥运会开始宣传她的纯素饮食，她在微博上发布的照片，是她在运动员村的第一顿素食餐：豆腐、咖喱和水果。这位轮椅运动员同时还在悉尼大学攻读哲学博士。她的饮食选择是基于健康、道德和环保的理由。

（2）卡尔·刘易斯——严格的素食者

世界著名的中长跑之王——卡尔·刘易斯是一个素食者。他至今还记得自己在 1990 年 7 月做出的决定：成为一名严格的素食者。对于他来说，最困难的事就是改变自己的吃饭习惯。他用柠檬汁代替盐来调味。回忆自己的运动生涯时，他说："我发现一个人能不需要动物蛋白质而成为一名成功的运动员。事实上，我的赛道赛跑成绩最好的一年是我吃素食的第一年。"

（3）安德鲁斯·卡荷林——吃素承诺持续到现在

瑞典健身家安德鲁斯·卡荷林，1980 年荣获世界健美先生。他说："我从小在俄勒冈州的农场长大，把很多农场动物当做我的宠物。但是我到 1995 年才决定吃素。我的姐姐从 15 岁起就是一个全素食主义者，当时她组织了一个动物权利周，出于对姐姐的尊重我答应一个礼拜不吃肉。在那个礼拜里，我听了很多演讲、看了很多关于集约化养殖的宣传品和录像带，那一个礼拜的吃素承诺，我一直持续到现在。"

（4）"拳王"泰森——吃素后，梦想到第三世界做个传教士

"拳王"泰森成为素食主义者后，不仅1年之内体重减少50公斤，还找到了内心的宁静，他现在的梦想是到第三世界做个传教士。

什么是低碳饮食

低碳饮食，就是低碳水化合物，主要注重严格地限制碳水化合物的消耗量，增加蛋白质和脂肪的摄入量。是阿特金斯医生在1972年写的《阿特金斯医生的新饮食革命》第一次提出的。

《全民节能减排手册》书中指出，每人每年少浪费0.5千克猪肉，可节能约0.28千克标准煤，相应减排二氧化碳0.7千克。如果全国平均每人每年减少猪肉浪费0.5千克，每年可节能约35.3万吨标准煤，减排二氧化碳91.1万吨。更有数据表明，吃1千克牛肉等于排放36.5千克二氧化碳；而吃同等分量的果蔬，二氧化碳排放量仅为该数值的1/9。所以多吃素少吃肉，不仅有益身体健康，还能减少碳排放量。

3. 中国：吃素身体好

"素食婚宴"在武汉流行。连续几天来，刘女士拿着"婚宴请柬"奔赴武汉三镇赶婚宴。她来到汉口归元寺旁的一个大型素菜馆赴宴。酒席开始后，菜式十分丰富，有粤式珍珠鲍、奇味琵琶腿、避风塘炒蟹、麻辣海鲜烩，山珍海味……满大桌鸡鸭鱼肉海参鲍鱼，却只是形似而实质不是。红烧肉、水煮鱼、烤鸭等都是用菌类、魔芋做的，其他海鲜也是用香菇、竹笋、面筋、豆制品制成。刘女士品尝一下，顿感新鲜，吃后肠胃很舒服。不但武汉的素食店开办素食婚宴，就连普通的饭店也开始做起"素菜"婚宴。据武昌艳阳天酒店介绍，素婚宴并不等于说是要戒荤腥，只要是素的就可以了，如将传

统的黄焖丸子改成黄焖豆腐丸子，选择素三蒸替代凉菜，将点心改成年糕做的鱼，而甜品多会选择银耳莲子汤和素汤圆等等。武汉市餐饮业协会人士指出，素食无奶、无蛋、无肉，低脂低油但蛋白质含量高，满足了人们新的美食需求。

北京大学出现素食部落。北大老校长蔡元培曾经吃素，并倡导过素食，到今天北京大学学校食堂特设了一个绿色素食窗口，专门做绿色蔬菜、豆制品的菜，精心搭配，保证素食者的营养需要。素食 5 年的北大国际关系系研究生张女士，面色红润，身材苗条。她说，吃素不但身体好，心态还变得平和起来。但是吃素也得根据自身情况而定，不能盲目，可在全素、奶素、蛋素、健康素中挑选一种适合自己的方法。吃素对人们健康是否有影响虽然尚存争议，但北大食素族们对地球环境、人与自然和谐关系的关注，值得推崇。北大传播系研究生李杰是北在素食研究会会报《菜根谭》主编，他说，不限制会员必须吃素，最终的目的是让更多的人认识和了解中国传统的素食文化。北大知识产权研究生王周谊（素食文化研究会骨干）说，人类要有爱心，绿色餐桌提倡的就是非暴力，人与动物都是生命，人不要养成杀害、吃食生灵的习惯，不要残忍地对待生命。人应关爱生命、付出仁爱，关注我们生存的环境。

台湾素食餐馆火爆。从城市到乡村，台湾素食菜馆无处不在。台湾的素食消费群体，为何如此庞大？从了解中得知，90% 以上的人深信因果，敬畏生命。据说信仰佛教的占到 75% 左右，其它道教信仰、民间信仰的，也都提倡吃素，所以素食市场庞大。有一家"第三斋堂"，店老板是个女士，原本是要在法鼓山出家的，但是，因为机缘不成熟，就在法鼓山下的金山小镇开了个素食餐馆，又因为法鼓山有两个斋堂，这里就被称为"第三斋堂"。有趣的是，客人来了，小菜、饮料、点心，全部自己动手，因为都有明码标价，结账时也自己来算，女老板只专心在后厨做食物。有时候餐厅人多，忙不过来，有的客人还要帮她接待客人、当服务员点菜。

人类是食草动物

T·柯林·坎贝尔是康奈尔大学教授，被誉为"世界营养学界的爱因斯坦"，他的《救命饮食》被《纽约时报》称为"世界流行病学研究的巅峰之作"。他指出：如果你人生的前半段把钱给了肉食行业，那么，你人生的后半段极有可能把钱给了医药行业。事实上，我们所有人的体内都存有毒素。污染物或毒素积聚在所有动物的脂肪组织中，而我们迫不及待地吃下了这些含有毒素的脂肪和肉，也就把各自毒素带入体内。从生理上来说，人类不需要吃任何肉类食物，人们吃肉仅仅是因为他们的味蕾细胞渴望与肉类食物亲密接触。

人类的大肠长约130厘米，是身体中的"垃圾压缩机"。保持大肠的清洁，就能让你拥有最好的健康。大肠属于排泄系统的一部分，大肠中容纳的东西（也就是粪便），主要由未被消化的食物、纤维素、水以及无数的细菌组成。对于特别容易大量繁殖的微生物、细菌和病毒来说，粪便是一种极适宜的传播媒介。因此，粪便在大肠中的中转时间较短，你需要限定食物与肠壁接触的时间。经常吃肉类食物的人，其粪便更为紧密，排泄速度更慢。这种长时间的排泄运动当然会吸收肉类中非常多的毒素，这也就是很多人吃完大量肉类，脸上会起疙瘩并很难消退的原因。这些毒素，只有经过一个很长的周期，才能排除体外。作为人体解毒的肝脏又是一个脆弱的器官，有毒物质不断积聚，就可能摧垮肝脏，一旦这种情况发生，毒素就会进入血液中，人就很可能会生病……我们的身体是不能直接利用纯蛋白的，比如红肉、鸡肉、家禽肉和鱼等。蛋白质必须被分解，这不仅会增加身体的负担，而且让身体老化。摄入了大量肉类蛋白质的人，看起来几乎总是会显得苍老一些，这是因为过量的蛋白质会对身体器官造成过度的负担，容易引起身体的退化和老化。这也是很多吃素的人看起来要更年轻些的原因。

素语录：芹菜六大食疗功用

（1）平肝降压。（2）镇静安神，有利于安定情绪，消除烦躁。（3）利尿消肿。消除体内水钠潴留，利尿消肿，可治疗乳糜尿。（4）防癌抗癌。（5）养血补虚。（6）清热解毒。芹菜忌与醋同食，否则容易损伤牙齿。有很多人吃芹菜只吃梗而不吃叶，从营养学角度来讲是很不明智的，因为芹菜叶中的抗坏血酸含量远远超过芹菜梗中的含量，所以在食用芹菜时要注意除了将梗做菜外，也要将芹菜叶充分利用，这样才能充分发挥芹菜的功能。

第二节　平衡膳食，合理营养

1. 食物的多样性

食物包括五大类：第一类为谷类及薯类：谷类包括米、面、杂粮，薯类包括马铃薯、甘薯、木薯等，主要提供碳水化合物、蛋白质、膳食纤维及 B 族维生素。第二类为动物性食物：包括肉、禽、鱼、奶、蛋等，主要提供蛋白质、脂肪、矿物质、维生素 A 和 B 族维生素。第三类为豆类及其制品：包括大豆及其它干豆类，主要提供蛋白质、脂肪、膳食纤维、矿物质和 B 族维生素。第四类为蔬菜水果类：包括鲜豆、根茎、叶菜、茄果等，主要提供膳食纤维、矿物质、维生素 C 和胡萝卜素。第五类为纯热能食物：包括动植物油、淀粉、食用糖和酒类，提供能量。植物油还可提供维生素 E 和必需脂肪酸。

随着生活的改善，人们倾向于食用更多的动物性食物，在一些比较富裕的家庭中，动物性食物的消费量已超过了谷类的消费量。这种"西方化"或"富裕型"的膳食提供的能量和脂肪过高，而膳食纤维过低，对一些慢性病的预防不利。

2. 少吃精米，多吃糙米

吃精米，从营养学角度看并不是好事。精米，去掉了稻谷壳、糠皮和胚芽，剩下了又白又细的胚乳。这种稻米的胚乳，再经淘洗，剩下能给人们提供的便只有淀粉和热量。而糙米则不同，我国明代医学家李时珍在《本草纲目》中称糙米有"和五脏、好颜色"的功能。在《食物本草》中载有"米粃即米糠、味甘平、无毒，主通肠开胃、下气、磨积块、作食能充滑肤体，可以颐养。"这说明糙米中的米糠层和胚芽，含有丰富的维生素 B、E、C、D，可提高人体免疫功能，促进血液循环。糙米还含有人体必需的锌、镁、铁、磷等微量元素。米糠由于含有可溶性植物纤维，具有通顺肠道的作用，对经常便秘的人大有裨益，可促进肠道蠕动，加快排出废物，减少致癌物质对直肠的刺激。

在经济困难时期，有些人出现了水肿和糖尿病，医生以适量的"老糠饼"作为治疗手段。老糠中的粗纤维素，能吸纳体内一些水分，纤维也能使糖的吸收速度配合胰脏分泌胰岛素的自然速度，取得生理平衡。糙米中的维生素 B6 和锌，也有助于糖尿病的治疗。胆固醇的积累，是影响中老年人健康的重要症结所在。多吃糙米，肠道内有大量纤维素，就可把胆固醇变成胆汁酸吸收，而减少高血脂的机会。纤维素还有利于促进肠道营养吸收、加快清理肠道作用的乳酶菌繁殖。

为什么在保健食品强手如林的形势下，糙米粉这一新型食品会独树一帜，引人刮目相看呢？这要从糙米粉的药用价值讲起。

先秦时的中医经典《黄帝内经》中说："稻米者完"，意思是说稻米春种秋收，吸收近一年的阳光和地气，它供给人的营养是完整而全面的。汉代医学家张仲景就用糙米入药，用于白虎汤、桃花汤、竹叶石膏汤三个名方中，这三个名方一直为现代中医学家所用，均能收到良好的疗效。常食糙米，不仅可以安和五脏、去病延年，而且还能润泽容颜。

糙米虽然具有极大的营养价值，但是因为它的外围被一层粗纤维组织包裹，密度极高，人体难以消化吸收，经过长时间的蒸煮营养成分也流失不少。

糙米粉的发明既解决了糙米难煮难吸收的问题，又保存了 100% 的营养，老人、小孩、病人食用起来十分方便。糙米粉保存了糙米的米糠层和胚芽，它含有大量维生素 B 族、维生素 E 及丰富的纤维素。现在人们的饮食，变得越来越精细。为追求口感，不少人不愿吃糙米，专吃各类精加工的米，这并不是好事。目前，有些人因吃精米以及高脂肪、高蛋白的山珍海味，已出现成人过量脂肪积累、大腹便便的肥胖症以及高血脂、动脉硬化和糖尿病等症状，小孩子也多有"少儿肥胖症"。要减少现代富贵病，须适当改变饮食的结构。

3. 谷类为主，多吃"五色"

注意粗细搭配，经常吃一些粗粮、杂粮等。稻米、小麦不要碾磨太精，否则谷粒表层所含的维生素、矿物质等营养素和膳食纤维大部分流失到糠麸之中。"食五谷，养天年"。要吃多种食物，尽量做到吃多吃杂，争取每天吃"五色"。

"五色"是指食品天然的颜色：红、绿、黄、白、黑。红色代表禽畜肉类，含丰富的动物蛋白、脂肪等营养素。按对人体健康有益的程度排列：鱿鱼肉、鸡肉、牛肉、羊肉、猪肉等。但要注意其动物脂肪的含量，不宜多吃，吃多了对健康不利。绿色代表新鲜蔬菜和水果，能提供人体需要的维生素、纤维素和矿物质等营养素，以深绿色叶菜为最佳。排列顺序：深绿、浅绿、黄、白。黄色代表各种豆类食物（主要是大豆），富含植物蛋白等营养素。最容易被人体消化、吸收的是豆腐和豆芽菜。白色代表主食，米面杂粮都算在内，人体热量的 60% 以上依靠主食提供，是人类成长发育、工作生活等一系列生命活动的保证。黑色指可食用的黑色动植物。乌鸡、甲鱼、海带、黑米、黑豆、黑芝麻、各种可食用菌，它们含有丰富的维生素和微量元素，还有丰富的优质动物蛋白和其它营养素。五色中，绿色、黄色食物多吃为宜。

4. 常吃蔬菜、水果和薯类

蔬菜和水果含有丰富的维生素、矿物质和膳食纤维。蔬菜的种类繁多，包括植物的叶、茎、花苔、茄果、鲜豆、食用藻等，不同品种所含营养成分不相同，甚至悬殊很大。红、黄、绿等深色蔬菜中维生素含量超过浅色蔬菜和一般水果，它们是胡萝卜素、维生素 B2、维生素 C 和叶酸、矿物质（钙、磷、镁、铁）、膳食纤维和天然抗氧化物的主要或重要来源。

有些水果的维生素和一些微量元素的含量不如新鲜蔬菜，但水果含有的葡萄糖、果糖、柠檬酸、苹果酸、果胶等物质又比蔬菜丰富，红、黄色水果如鲜枣、柑橘、柿子和杏子等是维生素 C、胡萝卜素的丰富来源。

薯类含有丰富的淀粉、膳食纤维及多种维生素和矿物质，应当鼓励多吃些薯类。

含丰富蔬菜、水果和薯类的膳食，对保护心血管健康、增强抗病能力、减少儿童发生干眼病的危险及预防某些癌症等方面起着十分重要的作用。

5. 吃奶类、豆类和奶、豆制品

奶类除含丰富的优质蛋白和维生素外，含钙量较高，且利用率也很高，是天然钙质的极好来源。我国居民膳食提供的钙普遍低，平均只达到推荐量的一半左右。我国婴幼儿佝偻病的患者也较多，这和膳食钙不足可能有一定的联系。大量的研究工作表明，给儿童、青少年补钙可以提高其骨密度，从而延缓其发生骨质疏松的年龄；给老年人补钙也可减缓其骨质丢失的速度，因此，应进食不饱和脂肪酸、及维生素 B1、B2 等。为提高农村人口的蛋白质摄入量及防止城市中过多消费肉类带来的不利影响，应大力提倡豆类，特别是大豆及其制品的生产和消费。

6. 慎用保健食品和方便食品

　　直至今天，人们对保健食品的概念也没有统一的认识（只是习惯上把满足人们特定营养需要的食品称为保健食品）。近年来对市场的抽查发现，一些产品在营养和功效方面的科学依据都不够明确，部分产品营养成分远远低于指标要求，有的产品食用后甚至还有副作用。此外，一些"保健食品"的宣传言过其实，借助似是而非的诸如"祖传秘方"、"延年益寿"来瞒天过海，正如一位营养学家所言："只要能够诱使消费者掏腰包，什么都敢说。"

改一改"口重"的毛病

　　抽样调查发现，北方高血压的患病率明显高于南方，这与北方人"口重"有密切的关系。吃盐、吃酱油多，这是北方人尤其是北京人多年来的饮食习惯，北京人平均每日吃盐和酱油为40克，全国为每日26.5克，这是导致北京高血压发病率居全国之首的主要原因。世界卫生组织指出，钠盐的摄入量要限制在每天10克以下。钠的主要来源是食盐和酱油，海产品、咸菜、熟肉、肉肠等食物中也含有一定数量的钠。北方人爱吃油炸食品，什么炸油饼、炸麻团、炸焦圈、炸糕、炸羊肉串……经检测证明，粮薯类食品烹炸后，会吸附大量的油脂，使热量和脂肪含量过高。如吃100克炸土豆片，可摄入617千卡热量，49.2克脂肪，相当于一天应当进食热量的25%和脂肪摄入量的70%，再吃上三顿饭，晚饭后又不运动，那热量和脂肪肯定"超标"，长此下去就会造成脂肪堆积，热量过剩，形成肥胖症。

　　近些年北方人的膳食中，还有一个问题是：粗粮、薯类、豆类摄入量不足，随着生活水平的提高，人们对它们越来越"不屑一顾"。仅

> 豆类及豆制品就由 20 世纪 60 年代的每人每天平均摄入 79.4 克下降到
> 1992 年的 12 克，以至豆类蛋白质仅占全日蛋白质总量的 3%，与应达
> 到的标准（10% ~ 15%）相距甚远。

方便面、面包、三明治等方便食品，普遍缺少蔬菜所具有的成分——维生素、食物纤维和某些人体必需的微量元素。人体长期缺乏这些营养成分，势必影响身体健康。油炸方便面、奶油面包等多数方便食品，含脂肪量甚高，长期吃可导致体内脂肪增多，容易使人肥胖，这对老年人、心血管病人和身体偏胖者尤为不利。此外，几乎所有的方便食品都是酸性食物，在体内代谢过程中产生大量的酸性，影响大脑的正常功能，容易导致记忆力减退，反应迟钝，对青少年的生长发育不利。蔬菜水果属于碱性食物，在体内产生碱性物质，可中和酸性物质，维护体内的酸碱平衡。人们在吃方便食品同时应配吃些新鲜蔬菜和水果。

> **素语录：计划点菜，菜肴分餐，剩菜打包**
> 养成计划点菜，菜肴分餐，剩菜打包习惯，反对铺张浪费，酗酒滋事，粗俗言行毛病，形成节俭点餐，卫生用餐，文明就餐风尚。

第三节　以素养身，以素进补

1. 从长远角度看，素食对孩子的好处多

"宝宝吃素能否拥有健康身体？"这是孩子父母担心的问题。美国儿科权威本杰明·斯波克认为，素食含有全面丰富的碳水化合物、蛋白质、纤维、维生素和矿物质，是孩子们理想的食物，素食儿童完全能茁壮成长。他在《婴幼儿护理》书中写道，"从植物类食物中获取营养的儿童远比从动物类食物中摄取营养的儿童健康得多。他们极少患肥胖症、糖尿病、高血压和某些癌症"。

从小就让孩子多吃素食，就给了他一个良好人生的开始，就可以奠定孩子终身的健康的生活方式。人体结构更接近食草动物，人的大肠、小肠都比食肉动物要长得多，肉类食品纤维少，在肠中过久会产生毒素，还会引起便秘等疾病。而素食（包括蔬菜、水果、薯类等）能起到清洁肠胃、排毒防癌的功能。研究表明，长期让儿童食用肉类会影响智力水平，而素食则会促进孩子智力发展。美国研究者发现，美国儿童平均智商为 99，而素食儿童的平均智商为 116，表明素食宝宝比肉食儿童更聪明、精力更充沛。肉食使体内聚积了易引发疾病的多余脂肪，易使儿童变得肥胖，导致嗜睡、精力下降、胆固醇升高等症状，长此以往，他们在儿童时期就可能出现许多慢性疾病。

素食含有全面丰富的碳水化合物、蛋白质、纤维、维生素和矿物质，是孩子们理想的食物，医学专家查尔斯·阿特伍德表示："通过食用蔬菜、水果、

谷物、豆类等低脂食物，孩子们足以获取所需的卡路里，他们不但会正常发育，而且会比肉食的孩子长得更高。从现在开始给孩子食用健康素食会令他们拥有更加美好的未来。"

2. 月子里素食妈妈怎样进补

吃大豆和豆制品。钙、铁石是宝宝成长中最重要的矿物质，大豆中的钙含量接近牛奶的两倍，铁含量也高于鸡蛋黄。大豆中的异黄酮还有双向调节人体雌激素的功能，会刺激泌乳素的产生，这是其它食物都不具备的。多吃海带、发菜、蘑菇、紫菜、豆腐类等有高蛋白营养的素食。由于乳汁分泌越多，钙的需要量越大，所以膳食中多补充豆类及豆制品、芝麻酱等。膳食摄入钙不足时，可用钙制剂等。

喝原味蔬菜汤。原味蔬菜汤指用各类蔬菜主要是根茎花果，不加任何调料煮汤。一般包括：黄豆芽、西兰花、菜椒（青椒、红椒均可）、紫甘蓝、丝瓜、毛豆、西葫芦、西芹等，每次选择4种以上。蔬菜汤原味清香，可以当茶喝，在产后当天（剖腹产次日）喝，有极佳催奶作用。以后保证每天不少于喝2次。汤水类可食用豆腐汤、青菜汤、红糖莲藕汤等，还可选用苋菜、西兰花、菠菜、玉米、红萝卜、黄瓜，可用麻油炒，麻油有杀菌之功效，并含有多种必要氨基酸，有助于产后气血流失的恢复补充。

吃水果类。水果类可吃猕猴桃、鲜枣、山里红、樱桃等。同时，素食妈妈尽量到户外晒晒太阳，这是补充维生素D的最佳途径，帮助体内钙的吸收。

吃坚果类食物。坚果中富含蛋白质、维生素和钙、铁、锌等矿物质，特别适合作为新妈咪的营养食品。但由于产后体质原因和喂奶的补水需要，可将坚果粉碎后冲水喝，不添加任何成分的坚果粉如杏仁粉，就是很好的催奶食物。

绝对的素食不可取

临床医生发现，蛋白质不足是引起消化道肿瘤的一个重要原因。另外，人脑的形成发育所必需的大部分营养成分必须从动物性食品中摄取，如果缺乏可能导致人脑退化，易患痴呆症。美国医学家指出，单纯素食无法得到，只有从荤食中才能获得的维生素 B_{12}，而机体缺乏维生素 B_{12}，可导致精神和心理上的缺陷，记忆力下降，如舌头肿痛、吞咽困难、人易疲劳等。若孕妇长期食素，可导致胎儿脑组织损伤。少女吃素，对身体的正常发育不利。

营养学家们认为，从人类进化和抗衰益寿的角度看，单纯素食、绝对素食均不可取，只有荤素搭配，以素为主，平衡膳食，才能满足机体生长发育和生活的需要。

3. 素食新妈妈的下奶催乳的方子

（1）豆浆：最好的催奶佳品就是黄豆磨的豆浆。有条件的可以买豆浆机来自己磨。剩下的豆渣别扔了，可以用来炒菜，或是做包子饺子馅：可以根据自己的需求加些蔬菜末，另外可再加些湿的红薯粉，这样馅不容易煮散，嚼起来有韧性。

（2）豆腐煮红糖：豆腐 120 克，红糖 30 克，黄酒一小杯。做法：豆腐红糖加水一碗半，文火煮成一碗，加黄酒调服。5~7 次有效。

（3）西红柿粥：西红柿 3 个（重约 300 克）或山楂 50 克，粳米 200 克，精盐适量。做法：粳米洗净，放入沙锅内，置旺火上，沸后转小火，快煮至米烂汤稠时，放入西红柿（或山楂），沸后转小火继续熬十几分钟，放适量精盐，调好味，离火即成。

合理膳食，均衡营养——预防代谢综合症

现代人的许多毛病是"吃"出来的，现在许多地区富裕了，肉食过量；过去多吃粗粮，现在常吃精白米、精白面；吃的面精白了，脸却变蜡黄了。饮食结构的"西化"趋势，导致疾病的模式也发生了变化。常言道"病从口入"，过去指的是吃了不干净的东西得病，现在多半是大鱼大肉、精白米面所致。由于一些人没有注意平衡膳食，"吃"出了毛病，导致了某些营养性疾病或慢性病。饮食不合理致病的过程缓慢，短时间内不易察觉，但后果却十分严重。如肥胖、糖尿病、高血压、高血脂和心脑血管病等这些相互联系、互为因果的疾病，有人称之为"代谢综合症"，它由不健康的饮食和生活习惯日积月累而成，餐桌上的大鱼大肉，出门乘车，烟酒无度，经常熬夜，加班加点，于是电脑综合症、白领综合症等崭新的词汇，频繁地出现在人们的面前。

广食五谷，粗食细嚼，可谓是天然的、简便的、可靠的保健方式。据报载，有一位百岁老人，其齿坚固，竟无一脱落。生活自理，还能到田间劳动。问其长寿经验，他说，早睡早起，天天劳动，没有忧愁，常吃五谷杂粮。米、麦碾破之，皮从不丢，食之有味。其实，凡长寿者，几乎都有粗食杂食习惯。可是有些人并不相信能吃出健康，觉得它不像吃药那样立竿见影，殊不知，膳食如果安排不合理，就会每天都在损害健康，日久天长，自然会造成百病丛生。资料显示，食用适量的蔬菜、水果可以降低癌症和心脏病的发病率。坚持以"以植物性食品为主，动物性食品占一定比例"的传统膳食结构，能预防富裕型"文明病"。

值得注意的是，正当我们饮食结构出现"西化"趋势之际，发达国家却在走回头路。美国把粗粮和蔬菜列为"食物指南金字塔"的基座；在德国，全麦面包销路大畅；在俄罗斯，主妇们热衷于黑面包；在新西兰，流行"主食吃杂一些，配以豌豆、蚕豆"。我国与发达国家在饮食习惯和观念上的逆向变化提醒：需要审慎对待饮食"西化"的误区。

（4）面条汤：每天可以变换不同的作料，如：豆干、香菇、蔬菜等。作料如果先炒一下味道会更好。

（5）花生粥：花生米 30 克、通草 8 克、王不留行 12 克、粳米 50 克、红糖适量。做法：先将通草、王不留行煎煮，去渣留汁。再将药汁、花生米、粳米一同入锅，加水熬煮，待煮烂后，加入红糖即可食用。功效：通草性味甘淡凉，入肺胃经，能泻肺、利小便、下乳汁。王不留行是石竹科植物麦蓝菜的种子，性味苦平，二药合用治疗乳汁不足，疗效更佳。

（6）炖汤类：海带炖豆干：海带与豆干放适量生姜一起炖。玉米炖板栗：玉米、板栗、再加少量的豆干和香菇一起炖。玉米土豆蘑菇汤：玉米粒、小土豆丁、蘑菇丁一起炖。

（7）黑芝麻粥：黑芝麻 25 克、大米适量。做法：将黑芝麻捻碎、大米洗净、加水适量煮成粥。每日 2、3 次，或经常佐餐食用。

4. 不良饮食当戒

食油温度过高。当油加热到 150℃左右时，就会挥发出大量的丙烯醛等有害物质，不仅能引起醉油症状，甚至可能诱发某些癌症。这就是为什么我们强调平时不要用过熟的油炒菜，以及不要过多地或经常地摄食油炸食品的道理。

过于讲究味鲜。鸡鸭鱼肉等鲜味食品中，含有大量的谷氨酸钠，如过量的吸收谷氨酸钠可以干扰大脑细胞的正常活动，使脑神经生理功能受到抑制而出现一系列症状：眩晕无力、眼球突出、下肢抖动、肢体麻木、心烦意乱。预防之道：对味精和含谷氨酸钠较多的鸡鸭鱼肉等美味食品，一次不宜吃得过多，烹调时味精不要放得太多；多吃些绿叶蔬菜，饭后吃些水果以促进胃肠蠕动，有助于将有害物质尽快排出。

夜餐量多时间长。夜餐吃得多，进餐时间长，会出现失眠健忘，身体逐渐发胖等症状，久而久之会导致许多疾病，易引起消化系统及心血管系统疾病。

何谓良好的饮食习惯

（1）一日三餐，定时定量。中午要吃好，晚上要吃少。早餐要摄入高热量的食品，午餐要吃以碳水化合物为主的食品，晚餐应以清淡食物为佳。吃饭要定时定量，忌暴饮暴食和吃零食。乱吃零食或暴饮暴食，将会破坏人体节律，引起体内功能的失调。

（2）不偏食、不挑食。任何一种食物只能有特定的有限营养成分。长期挑食、偏食，会因缺乏某些营养而影响健康。

（3）不吃过热过烫的食物。过热过烫的食物能使口腔和食管受到损伤，使粘膜细胞增生，如再受外界致癌物刺激，就有转变成食管癌的可能。

（4）吃饭时少说话。吃饭说话会使人减少食欲，减少消化液分泌，易引起肠胃疾病。进食时不要蹲着或弯腰、弓背，以防阻碍胃肠的正常蠕动，不利于食物正常消化。

（5）饭前要洗手。注意清洁卫生，饭前洗手，不要随便乱用别人的餐具，也不要把自己的餐具借给别人。

（6）饭后要稍加运动，散步为佳。散步可促进食物消化、而剧烈运动会造成胃内消化功能障碍，形成消化不良，甚至会出现急性肠炎等病症。

（7）注意进食礼节。吃饭时，不可用手抓吃，这样既不文明，又不卫生。要入口的饭，不可再放回食器中。不要将自己的筷子在菜盘里搅来搅去，吃什么菜挟什么菜。吃饭时不可让舌头在口中发出响声。"唯食忘忧"，吃饭时不可唉声叹气。轻拿轻放，细嚼慢咽，文明举止，身心健康。

冬季贪吃火锅。由于火锅有麻辣烫的特点，一些体质虚弱或患有慢性胃病、消化道溃疡的受到较强刺激后易导致原有病症加重，对心血管疾病患者也会引起不良反应。还有一些人吃的方法不正确，只图食物鲜嫩，有的食物并未烫熟就吃下去，这样更易导致消化不良及寄生虫病。

5. 粥疗歌、菜疗歌、花卉食疗歌

粥疗歌

若要不失眠；煮粥添白莲。若要双目明，粥中加旱芹。

要得皮肤好，米粥煮红枣。

气短体虚弱，煮粥加山药。治理血小板，煮粥花生衣。心虚气不足，桂圆煨米粥。

要治口臭症，荔枝粥除根。清退高热症，煮粥加芦根。要保肝功能，枸杞煮粥妙。口渴心烦躁，粥加猕猴桃。防治脚气病，米糠煮粥饮。肠胃缓泻症，胡桃米粥炖。

头昏多汗症，煮粥加薏仁。便秘补中气，藕粥很相宜。夏令防中暑，荷叶同粥煮。

菜疗歌

波菜止血解热毒，油菜补肾治劳伤。番茄补血健肤色，马苋止痢明目光。

白菜营养很丰富，清热生津利内脏。南瓜性温补中气，茼蒿和胃消腹胀。

竹笋化痰通二便，绿豆解热通胃肠。鲜藕生津散瘀血，黑豆补肾多营养。

扁豆消肿补中气，豇豆健脾壮肾阳。大豆益智增心力，驱寒舒胃数生姜。

花生能降胆固醇，降压消肿饮豆浆。菱白清热退黄胆，茄子消肿性甘凉。

紫菜清热解口臭，芋头散结宽胃肠。山药固脾又补肾，冬瓜瘦身排湿强。

花卉食疗

杏花味苦可温补，梨花润燥能化痰。食用桃花能美容，清心降火吃榆钱。

兰花去腻清肺热，梅花解郁又疏肝。止血收敛数玫瑰，平肝降压有牡丹。

清暑止血食荷花，桂花暖胃又散寒。烫伤调经选月季，合欢花儿助君眠。

长发香肌茉莉花，腊梅止咳又化痰。醒脑安神夜来香，健胃止呕葛花餐。

痔疮便血槐花验，白菊明目又平肝。白茅花治鼻出血，冬花镇咳又平喘。

妇女停经选红花，月经痛疼有凤仙。咽喉肿痛皮生疮，银花野菊山茶煎。

鼻炎服用辛夷花，金针花蕾治黄疸。茄花清热治牙疼，石榴花治中耳炎。

水仙花瓣治惊风，韭花温中开胃田。芝麻花治粉刺好，绣球花止疟疾验。

百合润肺又止咳，迎春消肿可发汗。治疗中风圣诞花，芍药敛阴又柔肝。

参花泡花可醒脑，丁香花治气管炎。木槿凉血治痢疾，柳絮散疼治牙疳。

清热消肿南瓜花，昙花煎服结核安。肿毒恶疮食芙蓉，治疗呃逆柿花煎。

楝花外用杀蚤虱，菱花止血最效验。劝君对症用鲜花，健康长寿乐无边。

贪食蛙、蛇、鸟肉，后患无穷

　　宁波市疾病预防控制中心 2002 年 6 月 19 日宣布，宁波首次在青蛙体内分离出一种对人体有较大危害的寄生虫——曼氏迭宫绦虫的裂头蚴。仅一只青蛙大腿里就有 5 条寄生虫，人吃了这些蛙肉以后就可能会感染寄生虫病。

　　这种寄生虫的生命力很强，寄生在青蛙肉内经过爆炒也不死。如果人吃了含有曼氏裂头蚴寄生的蛙、蛇或鸟肉后，裂头蚴及其分泌的酶就可能钻入人体的眼睛、皮下、口腔、脑部及内脏等，根据侵入的部位不同可引起各种症状，较为常见的是眼裂头蚴病，表现为眼睑红肿、结腊充血、畏光、流泪、微痛、奇痒等，如果裂头蚴侵入眼球内，会造成眼球突出，严重时还会造成角膜溃疡并发白内障失明等，有时人体还并发恶心、呕吐、发热，严重时昏迷甚至瘫痪等。曼氏裂头绦虫一般寄生在猫狗等动物的小肠内，其虫卵随动物的粪便排到水中变成幼虫被蝌蚪吞食后，随蝌蚪逐渐发育同时长大，裂头蚴具有很强的收缩和移动能力，常迁移到蛙的肌肉特别是在大腿和小腿中寄居。宁波市疾病预防控制中心提醒：贪食青蛙、蛇肉、鸟肉，特别是生吃蛇皮和蛇胆，可能后患无穷。

素语录：请关心流浪动物

给小猫小狗小鸟一口水，一点儿食物吧！我们的生活是以牺牲动物为代价的，我们应当满怀同情和尊重地对待动物。

第四节 素饮怡情，蔬果成饮

1. 自己动手，制作果蔬汁的诀窍

（1）选用新鲜的蔬菜、水果来制作果蔬汁，口感好，维生素流失少，营养价值高。

（2）蔬菜、水果上一般都会残留一些农药，必须在水龙头下用清水冲洗干净，但是，有些蔬菜所含的水溶性维生素很容易在水中流失，所以，冲洗要快速并要把水分沥干再使用。有许多水果的果皮有丰富的营养成分，适合榨汁，所以，事前的清洗工作非常重要。除了泡盐水去除农药的残留之外，还要用流动水漂洗三到五分钟，或是用刷子在温水中刷洗干净，这样才能确保食用的安全。

（3）冰凉的果蔬汁风味更佳。制作前将水果、蔬菜放入冰箱冷藏，这样不需要加冰块，而且也不会因氧化使口味变差或营养流失。即便是菜渣有生涩味道，通过榨机的过滤，也会令你口感顺滑。但是，菜渣中含有大量粗纤维，营养丰富，如果不怕生涩味的话，可连菜渣一起饮用，效果更佳。

（4）制作果蔬汁时，果蔬的处理时间越长，维生素损失就越多，尤其是放入搅拌机中搅拌时，只要材料颗粒变细，且混合均匀了，就应立即将果蔬汁倒出食用，否则，不但养分因搅拌过度而流失，而且味道也会变得苦涩难咽。

（5）不加冰的果蔬汁与加了冰的果蔬汁相比更生涩。因为冰凉的口感能调和果蔬汁的口感，尤其是口感较为浓稠的果蔬汁更需要适当添加冰块才好。使用榨汁机时，可加适当碎冰，这样不仅能减少泡沫的产生，而且还能防止果蔬汁氧化变色。

接受食物互补的观念

五谷宜为养，失豆则不良；五畜适为宜，过则害非浅；五菜常为充，新鲜绿黄红；五果当为助，力求少而精；气味合则服，尤当忌偏独；饮食贵有节，生活有科学。

五谷宜为养，失豆则不良——人体中约有80％的热量来自谷类食物，再加上富含有赖氨酸的豆类，营养就平衡了。

五畜适为宜，过则害非浅——动物性食品包括畜禽肉类、水产类、乳类、蛋类食品。有节制地食用，对人体健康也有益处，但不可过量，吃多了有害健康。

五菜常为充，新鲜绿黄红——常吃新鲜的、各种颜色的蔬菜，能充实身体，被誉为"天然长寿药"。绿色蔬菜含有叶绿素，黄色蔬菜里有胡萝卜素，红色的蔬菜里有西红柿素。民间有"食不可无绿"的说法。

五果当为助，力求少而精——常食各种鲜果和干果，有辅助、帮助人体健康的作用，但不要以水果为主食，少而精为宜。身体虚弱者要慎用、少用。须注意的是：催生、催熟水果（反季节水果），大都有污染，食之不慎或过量过冷，有损健康。一般来说，是什么季节，便吃什么水果。

气味合则服，尤当忌偏独——寒、热、温、凉为四性，酸、甜、苦、辣、咸称五味。在中医上，"四气五味"合称为性味，存在于食物之中。食物性味不同而功能各异，所以对人体也具有不同的作用。故在选择食物，尤其是在进行"食补"时，要依据其性味，加以合理选择，以期达到因人施补的效果。

饮食贵有节，生活有科学——吃饭要有节制，定时定量。那种好的吃个死，不合口味的死不吃，狂饮暴食、饥一顿、饱一顿，有损健康。在民间有"饮食清淡，素食为主"，"可一日无肉，不可一日无豆"，"粗茶淡饭，青菜豆腐保平安"，"萝卜进了城，医生关了门"、"冬

吃萝卜夏吃姜，不劳医生开药方"、"三天不吃青，两眼冒金星"等诸
多关于膳食营养的谚语。我国长寿老人大都以素食为主，食品多而杂。
为此，学习点营养知识、接受平衡膳食的观念可以预防许多疾病。

（6）虽然果蔬汁要有点甜味才好喝，但不能使用砂糖，因为它在人体内
会吸收维生素，反而造成营养的损耗。

（7）柠檬的酸味强，容易破坏其他材料的味道。最好在果蔬汁做好之后
再挤入柠檬汁，这样才能喝出各种果蔬汁的味道。

（8）果蔬汁并不是饮用的越多越有效，每天可以饮用250至500毫升为宜。
长期适量饮用，才能起到特别的疗效。

（9）制作完成后的果蔬汁应该在尽量短的时间内喝完，否则果蔬汁就会
有分离、变色，甚至变味，果蔬汁内所含的丰富的营养也会流失。而喝果蔬
汁的最佳时间是在饭前半小时，用愉快的心情品味饮用才能让果蔬汁充分被
人体所吸收。

（10）制作果蔬汁应选用多种不同的水果、蔬菜来变化组合，以达到营
养均衡的效果。适量而不偏食是最佳的搭配方式。

素语录：进食原则

进食不言，细嚼慢咽。心情欠佳不吃或少吃、赶时间不吃。

用感恩的心情吃饭，进食即是祈祷、静心，即是感念万类苍生的过程。

2. 香蕉、橘子、桃子、西瓜、苹果保健方

香蕉保健方

功效：预防高血压、预防疲劳、防治胃溃疡、预防便秘、预防失眠。

（1）香蕉菠萝汁材料：香蕉2根，菠萝1个。制作：香蕉去皮，切成块。
菠萝洗净，去皮挖果眼，切成条块，用食盐水浸泡片刻，捞出、沥干备用。

菠萝块放入榨汁机内，榨取原汁，倒入电动搅拌机内，放入香蕉块。搅拌成果浆即可饮用。可预防心血管疾病、便秘。

（2）香蕉草莓汁材料：香蕉2根，草莓200克。制作：香蕉去皮，切成数段。草莓洗净，沥干水分，切成小块。香蕉段、草莓放入搅拌机搅成果浆，即可饮用。可预防心血管疾病。

（3）香蕉蜂蜜汁材料：香蕉2根，蜂蜜适量。制作：香蕉去皮，捣烂成汁，以蜂蜜调匀。每次饮服100毫升，每日3次。可预防流行性乙型脑炎。

（4）香蕉橙汁材料：香蕉1根，橙子两枚，蜂蜜1匙。制作：香蕉去皮，切成小块，橙子去皮去籽后，再与蜂蜜倒入搅拌机搅拌均匀，即可饮服。

（5）香蕉酸奶茶材料：香蕉、酸牛奶各100克，牛奶50克，浓茶水40克，苹果25克，蜂蜜5克。制作：香蕉去皮切段。苹果去皮、核，切成小块，牛奶与浓茶水调匀。香蕉、苹果放入搅拌机，加入奶茶汁搅拌30秒，加入酸牛奶和蜂蜜，调匀饮服。可预防中风后遗症。

橘子保健方

功效：美容润肤、补阳益气、健胃消食、生津止渴、清热止咳。

（1）橘子奶汁材料：橘子2个，牛奶100毫升，蜂蜜适量。制作：橘子洗净，去皮、掰瓣。牛奶煮沸，冷却。橘子瓣放入榨汁机内榨汁，加入牛奶、蜂蜜调匀即可饮用。可预防骨质疏松，缺钙。

（2）橘子黄瓜汁材料：橘子2个，黄瓜一条。制作：洗净，捣汁饮用。每日2至3次。可预防妊娠发热。

（3）橘子胡萝卜汁材料：橘子3个，故萝卜一根。制作：橘子洗净剥皮，掰成小瓣。胡萝卜洗净，去头尾，纵切成长条，放入榨汁机榨汁。橘子放入榨汁机榨汁，加入胡萝卜汁，拌匀饮用。可预防面色灰暗，容颜不佳。

（4）橘子芒果汁材料：橘子芒果各1个，蜂蜜一小匙，冷开水适量。制作：橘子洗净剥皮去籽，芒果洗净去皮核，加入冷开水和蜂蜜，放入搅拌机搅匀，饮服。可预防消化不良

（5）橘子姜饮材料：橘子100克，生姜15克。制作：橘子连皮切块，与生姜水煎汁。每日一剂，分两次饮服，连服一周。可预防胃寒呕吐。

桃子保健方

功效：抗贫血、促进血液生成、抗血凝、抗肝纤维化及利胆、止咳平喘、利尿通淋、退黄消肿。

（1）水蜜桃汁材料：水蜜桃3至4个。制作：洗净，去皮、核，切成小块，放入榨汁机榨汁。饮服。可预防消化不良，便秘。

（2）饴糖桃汁材料：桃1个，樱桃10个，饴糖少许。制作：桃去皮、核，榨汁，饴糖加开水调成糖汁。将两汁混匀，樱桃放入汁中。饮汁，食樱桃。可预防食欲不振，乏力，便秘，瘀血疼痛。

（3）蜜桃橙汁材料：水蜜桃2~3个，甜橙一个，柠檬1/4个，矿泉水小半杯，碎冰块少许。制作：水蜜桃、甜橙均洗净，去皮、核，切成条块；柠檬洗净，去核，连皮切成条块。水蜜桃块、甜橙块、柠檬块分别放入榨汁机，加入矿泉水、碎冰块饮服。可预防食欲不振，消化不良。

（4）蜜桃枇杷汁材料：水蜜桃2个，枇杷100克，柠檬1/6个，蜂蜜少许。制作：枇杷洗净，去皮、核；水蜜桃洗净，去皮核，切成小块；柠檬洗净，连皮切成小块。枇杷肉、水蜜桃块、柠檬块分别放入榨汁机榨汁，加入蜂蜜拌匀饮服。可预防津少烦渴，气血亏损。

（5）桃叶饮材料：桃叶（鲜品）30克。制作：水煎服。可预防急性肠胃炎。

西瓜保健方

功效：清热解暑、美容抗衰老、促进蛋白质的吸收、利尿降压治疗肾炎、治疗咽喉及口腔炎症。

（1）西瓜蜜汁材料：西瓜汁150毫升，蜂蜜15克。制作：2味混匀，1次饮服。每日3次，连服10-20日。可预防病毒性肝炎。

（2）西瓜汁材料：西瓜适量。制作：西瓜切成小块。用榨汁机榨汁1杯，1次饮完。每日3次，连饮4-6日。可预防慢性咽喉炎，面部疾患。

（3）西瓜西红柿汁材料：西瓜、西红柿适量。制作：西瓜洗净去皮、籽，西红柿去皮。2味放入榨汁机榨汁。代水饮。可预防夏季感冒。

（4）西瓜苹果汁材料：西瓜50克，苹果1个，冰糖适量。制作：西瓜和苹果去皮、籽，捣碎取汁，加冰糖调匀。饮服。可预防中暑引起的咽喉肿痛，咳嗽，便秘。

（5）西瓜皮绿豆汤材料：西瓜皮、绿豆各50克。制作：西瓜皮水煎，取汤汁煮绿豆熟透。连汤带豆服食。每日3次，连服数日。可预防急性肝炎。

苹果保健方

功效：止泻、通便、防止妊娠呕吐、防治高血压、预防婴儿佝偻病、减肥、防治贫血、预防糖尿病、增强记忆力。

（1）苹果豆浆汁材料：苹果1个，豆浆100毫升，蜂蜜适量。制作：苹果洗净，去皮、核，切成条块。豆浆煮熟，冷却。苹果块放入榨汁机榨汁，加入豆浆、蜂蜜拌匀。饮服。可预防体质虚弱，骨质疏松。

（2）百果汁材料：苹果、梨各2个，胡萝卜2根，山楂100克，大枣25枚，枸杞子18克。制作：以上6味洗净，前3味榨汁饮服，后3味独食，随意食完。每日1剂。可预防迎风流泪。

（3）苹果汁材料：苹果1-2个。制作：洗净，去皮、核，切成条块。用榨汁机榨汁100毫升，1次饮完。每日3次，连服10日为1个疗程。可预防高血压。

（4）苹果菠萝汁材料：苹果半个，菠萝1/4个，生姜少许。制作：苹果洗净搅汁，菠萝去皮切成小块搅汁。生姜洗净切碎搅汁。三种汁液混匀。饮服。可预防风湿性关节炎。

（5）藿香苹果茶材料：苹果1个，藿香15克，茶叶3克，蜂蜜适量。制作：苹果洗净去皮、核，切成片状，与藿香、茶叶加水适量，撇去浮沫，煎沸15分钟。滤去茶渣，加入蜂蜜搅匀。上、下午分饮。可预防各种神经性皮炎。

新鲜的果汁补充身体需要的水分和营养

病理学家认为，健康的体液呈弱碱性。疾病多数是从体液的酸中毒开始。肉食品属酸性食物，吃多了会与体内的碱发生中和反应，使体液呈酸性，而常吃蔬菜、水果等碱性食物，可以中和体内过多的酸性物质，使人体酸碱平衡，不易生病。普通人平常每天喝一杯果蔬汁（早晨空腹更佳）能补充每天所需要的维生素营养，还可以矫正因偏食造成的酸性血液的体质。

因为人们一般早餐很少吃蔬菜和水果，所以早晨喝一杯新鲜的果汁或纯果汁是一个好习惯，补充身体需要的水分和营养。除了早餐外，两餐之间也适宜喝少量的果汁。老人和小孩适量少喝点果汁可以助消化、润肠道，补充膳食中营养成分的不足。要注意的是，空腹时不要喝酸度较高的果汁，先吃一些主食再喝，以免胃不舒服。不管是鲜果汁、纯果汁还是果汁饮料，中餐和晚餐时都尽量少喝。

其实，五谷杂粮都有抵御疾病的功能。粗粮、杂粮降血脂，西红柿抗前列腺癌，猕猴桃抗结肠癌，山里红抗食道癌……只要你均衡多样吃，都会增强自身的免疫力。清淡饮食、适量运动、心情开朗、早睡早起，就能健康长寿。

果汁饮料是指从新鲜水果榨汁而成的一种饮料。自己动手榨取，搭配果蔬汁，多变的果蔬的吃法，可以给生活增添乐趣。

3. 李子、荔枝、菠萝、柚子、猕猴桃保健方

李子保健方

功效：解酒、解除疲劳、生津止渴、利尿。

（1）李子汁材料：李子适量。制作：洗净，捣烂，绞取汁液。每日饮服25毫升，每日3次。可预防糖尿病、肝硬化腹水

（2）李子三果汁材料：李子汁、甜瓜汁、葡萄汁各10克。制作：调匀，加适量冷开水冲饮。可预防中暑

（3）李子橘子汁材料：李子2个，橘子1个，蜂蜜1小匙。制作：李子去核，橘子去皮、籽，共投入榨汁机榨汁，加入蜂蜜拌匀。饮服。可预防肠胃不利。

（4）李子草莓汁材料：李子两个，草莓10个，平果1个，蜂蜜1小匙，

柠檬汁一小匙，冷开水适量。制作：草莓去蒂、李子去核，平果削皮去核，与冷开水共投入搅拌机搅匀，加入蜂蜜、柠檬汁拌匀，饮服。可预防身体免疫力低下。

（5）李子茶材料：李子 100 至 150 克，绿茶少许，蜂蜜适量。制作：李子剖开，加水 300 毫升，煎沸 3 分钟，加入绿茶、蜂蜜。每日饮服一次。可预防肝硬化。

荔枝保健方

功效：补充能量，益智补脑、增强免疫功能、降低血糖、消肿解毒，止血止痛、止呃逆、止腹泻。

（1）荔枝蜜汁材料：荔枝 150 克，柠檬 1/6 个，蜂蜜适量。制作：荔枝洗净去皮、核，柠檬洗净连皮切成小块。分别放入榨汁机内榨汁。两种果汁混合，加入蜂蜜饮服。可预防面容无华。

（2）荔枝苹果汁材料：荔枝 2 个，平果 1 个，蜂蜜 1 小匙。制作：荔枝去皮、核，与去皮、核的苹果一同放入榨汁机内榨汁，加蜂蜜调匀。饮服。可预防低血压。

（3）荔枝当归饮材料：荔枝干 15 克，当归 10 克。制作：水煎服，每日两次。可预防眩晕症。

（4）荔枝莲子粥材料：荔枝干 7 枚，莲子（去心）5 枚，粳米 60 克。制作：荔枝干去壳，莲子洗净，与粳米加水煮成粥。随意食服。可预防腹泻。

（5）荔枝红茶材料：荔枝 50 克，红茶 1 至 2 克。制作：加沸水 300 毫升，沏泡 5 分钟。代茶饮。可预防支气管炎。

菠萝保健方

功效：利尿；促进人体新陈代谢，消除疲劳；增进食欲；促进消化；预防便秘。

（1）菠萝橘子汁材料：菠萝 1 个，橘子 2 个。制作：菠萝去皮（包括挖除皮中的果眼，下同）切成小块榨汁。橘子去皮，榨汁。将两种汁混匀。每次饮服 20 毫升，每日两次。可预防消化不良。

（2）菠萝汁材料：菠萝 1 个。菠萝去皮，切块榨汁，以凉开水调服。兼治：

糖尿病所至口渴，尿混浊。

（3）菠萝蜂蜜汁材料：菠萝1个，蜂蜜3小匙，柠檬汁少许。制作：菠萝去皮，切成小块，放入榨汁机榨汁，与蜂蜜和柠檬汁混匀。饮服。可预防消化不良，便秘。

（4）菠萝梨汁材料：菠萝1个，梨1个，蜂蜜适量。制作：菠萝、梨洗净，去皮，切成块状（菠萝用淡食盐水浸泡）。用榨汁机榨汁，加入蜂蜜调匀。每日饮服1至2次，连服数日。可预防支气管炎。

（5）菠萝香瓜汁材料：菠萝半个，香瓜1个，蜂蜜1小匙。制作：菠萝洗净去皮，香瓜削皮去籽，放入榨汁机榨汁，加入蜂蜜拌匀。饮服。可预防身体疲劳，皮肤枯黄。

柚子保健方

功效：抗菌、抗病毒、降低血糖、缓解痉挛及增强维生素C的作用、祛痰镇咳。

（1）柚子奶汁材料：柚子半个，脱脂奶粉1大匙，梨3个，蜂蜜2小匙。制作：柚子、梨去皮、核，洗净切块，加入脱脂奶粉榨汁机榨汁，加蜂蜜调匀。饮服。可预防骨骼和指甲疾患。

（2）柚子芝麻豆浆材料：柚子半个，黑芝麻粉1大匙，豆浆半杯，蜂蜜3小匙。制作：柚子剥皮去籽榨汁，加入黑芝麻粉与豆浆一同放入搅拌机搅匀，加蜂蜜调匀。饮服。可预防身体功能欠佳，皮肤枯黄。

（3）柚子酵母汁材料：柚子1/4个，酵母粉2/3杯，蜂蜜3小匙，制作：柚子去皮去核榨汁，与酵母粉和蜂蜜调匀。饮服。可预防皮肤疾患。

（4）柚子葡萄汁材料：柚子半个，葡萄20粒，紫苏叶5片，蜂蜜3小匙。制作：葡萄洗净，柚子剥皮去核，用榨汁机榨汁。紫苏叶切碎，与果汁一起放入搅拌机搅匀，加蜂蜜调匀。饮服。可预防贫血，妇女经期失血多。

（5）柚汁茶材料：柚字半个，绿茶3克。制作：绿茶以沸水沏开。柚子去皮，榨出果汁，掺入绿茶。温饮、冷饮皆可。可预防糖尿病。

吃果蔬让人由内而外散发光彩

嘴角有皱、干裂，果蔬补充不足，可能是维生素C、维生素B的缺乏。因此，应常吃点橙子、辣椒、豌豆和全麦食品。常吃果蔬会让容貌更加动人。英国圣安德鲁斯大学的研究发现，每天吃3份果蔬能给皮肤补充自然的光泽。水果和蔬菜中的类胡萝卜素让胡萝卜呈现橙色，让西红柿显出红色，人体食用这些食物后，也会体现在皮肤上，散发光泽。

鲜果鲜菜汁能解除体内堆积的毒素和废物，进入人体消化系统后，使血液呈碱性，把积存在细胞中的酸性毒素溶解掉，并排出体外。果蔬汁的制法很简单，将果蔬洗净切成小片，放入榨汁机中搅拌即可，饮用时用白糖或蜂蜜调味。

◆自制水果蔬菜汁注意：（1）制作时应将其清洗干净，避免由此带来的肠道疾病。（2）现榨现饮，避免营养成分降解和细菌的滋生。（3）一般能生食的皆可榨汁饮用，但豆角、土豆等不能生食的则不能榨汁饮用，以免引起不良后果。（4）蔬菜汁可作为辅助或特殊人群（婴儿、孕妇、老年人等）补充营养之需要，但不能依靠蔬菜汁替代三餐饭。

猕猴桃保健方

功效：促进消化；防治心血管疾病；解毒护肝；防癌抗癌；乌发美容。

（1）猕猴桃酸奶汁材料：猕猴桃2个，酸牛奶200克。制作：将猕猴桃洗净剥皮，放入搅拌机搅成浆汁。加酸牛奶拌匀。饮服。可预防高血压，高血脂，冠心病。

（2）猕猴桃生姜汁材料：猕猴桃150克，生姜15克。可预防洗净，捣烂，搅汁。饮服。兼治：妊娠呕吐。

（3）猕猴桃汁材料：猕猴桃60克。制作：洗净去皮，捣烂，加凉开水1杯浸泡片刻饮用。兼治：败血病。

（4）猕猴桃蜜汁材料：猕猴桃1个，蜂蜜2小匙，凉开水150毫升，冰块半杯。制作：猕猴桃洗净去皮，切成小块。与蜂蜜、凉开水放入搅拌机搅匀，倒入装有冰块的杯中饮服。可预防便秘，感冒。

（5）猕猴桃红茶材料：猕猴桃 100 克，大枣 25 克，红茶 3 克。制作：前 2 味洗净，加水 1000 毫升，煎至 500 毫升加入红茶，煮沸 1 分钟。日分 3 次饮服。可预防胃癌，食管癌。

4. 石榴、山楂、葡萄、草莓、柠檬保健方

石榴保健方

功效：防治口臭、杀虫灭菌、止泻杀菌、生津止渴、美化肌肤。

（1）石榴葡萄汁材料：石榴半个，葡萄 2 串。制作：石榴洗净剥皮，切成小块。葡萄洗净去掉枝梗，摘成小粒。把二味分别放入榨汁机榨汁饮服。兼治：脾虚血亏，血管硬化。

（2）石榴苹果汁材料：石榴苹果各 1 个，蜂蜜 2 大匙，凉开水适量。制作：苹果去皮核，与剥皮后的石榴榨汁后于凉开水及蜂蜜一同放入搅拌机搅匀。饮服。兼治：急性肠胃炎，痢疾，消化不良。

（3）石榴饮材料：石榴 1 个，水 400 克。制作：石榴切成块，与水共煎。煮沸后再煮 30 分钟。可预防口腔炎（以汁漱口），咽喉炎。

（4）石榴泡水饮材料：石榴 1-2 个。制作：石榴捣碎取籽，以开始浸泡。待凉后含漱。每日 10 次以上。可预防口腔炎，口腔黏膜溃疡。

（5）石榴皮冰糖茶材料：石榴皮 5 克，绿茶 3 克，冰糖适量。制作：石榴皮粉碎，与绿茶以沸水沏开，加盖闷 3-5 分钟，加入冰糖，频频热饮。可预防腹泻，脱肛，便血。注：湿泻实邪的腹泻者勿饮此茶。

山楂保健方

功效：消食导滞、防治高血压和心脏病、抗癌、消喘化痰、促进产后子宫复原、治疗腹泻和腹痛。

（1）山楂苹果汁材料：山楂 200 克，苹果 2 个。制作：将山楂洗净，去核。苹果洗净，去皮核，切成条块。山楂、苹果块放入榨汁机榨汁。饮服。可预

防消化不良，心血管疾病。

（2）山楂糖浆材料：山楂125克，红、白糖各60克。制作：山楂炒成黑色，加入红、白糖，水煎。日分2次饮服，连服2次。可预防腹泻，痢疾。

（3）山楂蜜饮材料：山楂500克，蜂蜜250克。制作：山楂去核，加水适量，煮至七成熟，水将干时加入蜂蜜，以文火煎至熟透即可。可预防食欲不振，腹泻，痢疾。

（4）山楂冰糖羹材料：山楂9克，冰糖少许，淀粉适量。制作：山楂去核，加水煮熟后加淀粉、冰糖，调匀成羹。可预防消化不良，高血压，冠心病，妇女月经不调，腹泻，痢疾。

（5）山楂枸杞茶材料：山楂、枸杞各6克，花茶3克，冰糖适量。制作：枸杞与山楂（去核）以文火煮沸5分钟，取汁沏开花茶，加盖闷3分钟。加冰糖调匀。频频啜饮。可预防精亏血少引起的头晕，眼花，食欲不振。

葡萄保健方

功效：解除疲劳、健胃消食、充当滋补佳品、抗菌、补气养血。

（1）葡萄蜜汁材料：葡萄20枚，蜂蜜2匙。制作：葡萄洗净后放入榨汁机，再加冷开水50毫升，取汁加入蜂蜜拌匀，饮用时加入少许冰块，味道更好。可预防体力不支，过度疲劳。

（2）葡萄汁材料：葡萄100克，白糖适量。制作：葡萄洗净去梗，用清洁纱布包扎后挤汁。取汁加白糖调匀。日分三次饮服。可预防婴儿食欲不振，厌食，肥胖症。

（3）葡萄莲藕蜜汁材料：葡萄、莲藕、生地适量，蜂蜜500毫升。制作：葡萄、莲藕、生地，分别捣烂取汁，各取汁300毫升，加入蜂蜜调匀。饮服。可预防尿路感染，小便有血块，灼热刺痛或腰酸。

（4）葡萄甘蔗汁材料：葡萄500克，甘蔗750克。制作：2味洗净榨汁，混匀。以温开水送服，每日2~3次。可预防声音嘶哑。

（5）葡萄茶材料：葡萄100克，白糖适量，绿茶5克。制作：绿茶以沸水冲泡，葡萄与糖加冷开水60毫升，与绿茶汤混合。饮服。可预防肥胖症，面容憔悴。

草莓保健方

功效：调和脾胃、滋阴养血、疗疮排脓、防癌抗癌。

（1）草莓橙汁材料：草莓200克，甜橙1个。制作：草莓用淡盐水洗净，沥干水分，甜橙洗净，去皮、核，剥成片。草莓、甜橙片放入搅拌机搅匀。饮服。可预防精神恍惚，心烦体热。

（2）草莓汁材料：草莓150克。制作：草莓用淡盐水洗净，去蒂，一剖为二。以洁净双层细纱布压榨或绞取汁液。早晚各饮服1次。

（3）冰糖草莓汁材料：草莓100克，冰糖30克。制作：草莓洗净捣烂，加冷开水100毫升，过滤取汁。果汁中加入捣碎的冰糖，不断搅拌至冰糖完全溶化。日服2次。可预防干咳无痰。

（4）草莓酒材料：草莓500克，米酒400毫升。制作：草莓洗净捣烂，以纱布滤取果汁。将果汁、米酒盛入罐中，密封1日后饮用。每日3次，每次20毫升。可预防贫血，消瘦，久病体虚。

（5）草莓橘瓣饮材料：草莓200克，橘子100克。制作：草莓洗净，橘子剥去外皮，掰成橘瓣。2味加白糖100克，清水500毫升，武火煮沸3分钟。待温饮服。可预防食欲不振。

喝果汁的误区

各种不同水果的果汁含有不同的维生素，是一种对健康有益的饮料，但缺乏纤维素和过高的糖分被视为其缺点。

果汁不能完全代替水果。第一，果汁里基本不含水果中的纤维素；第二，捣碎和压榨的过程使水果中的某些易氧化的维生素被破坏掉了；第三，水果中某种营养成分（例如纤维素）的缺失会对整体营养作用产生不利的影响；第四，在果汁生产的过程中有一些添加物是要影响到果汁的营养质量的，像甜味剂、防腐剂、使果汁清亮的凝固剂、防止果汁变色的添加剂等，当然，家庭自制的果汁是没有这个缺陷的；第五，加热的灭菌方法也会使水果的营养成分受损。因此，对于能够食用新鲜水果的人来说，整个的水果是最全的营养。喝果汁有以下误区：

（1）喝果汁可以代替吃水果。当水果压榨成果汁时，果肉和膜被去除了，在榨汁时，这些植物纤维也被剔除，而水果中的植物纤维是有益健康的。

（2）果汁喝得越多越好。果汁中大量的糖是从肾脏排出，长期过量饮用，可能导致肾脏病变，产生"果汁尿"的病症。

（3）药物和果汁同服。不仅降低药效，还会引起不良反应。如磺胺药与果汁同服，对肾脏不利。

（4）果汁类饮料可以代替白开水。从市场上购买的果汁类饮料，或多或少会加入添加剂，如大量饮用，会对胃产生不良刺激，还会增加肾脏过滤的负担。

柠檬保健方

功效：解除疲劳、美容、促进消化、去除异味、腥味、杀菌、防治高血压及心肌梗塞、防治肾结石。

（1）柠檬汁材料：柠檬150克。制作：柠檬洗净去皮，切成块，用榨汁机榨汁。饮服。可预防暑热烦渴。

（2）柠檬蜜汁材料：柠檬1个，蜂蜜4小匙，热开水适量。制作：柠檬洗净切成两半，用榨汁机榨汁。将柠檬汁、蜂蜜、热开水拌匀。饮服。可预防精神紧张，身体疲劳。

（3）柠檬葛粉汁材料：葛粉一大匙，蜂蜜2匙，柠檬汁1小匙。制作：用凉开水把葛粉调成糊状，加蜂蜜混匀，冲入开水，边冲边搅，最后加柠檬汁拌匀，饮服。可预防高血压，心肌缺血。

（4）柠檬蜂蜜汁材料：柠檬1个，蜂蜜适量。制作：柠檬洗净，对半剖开，榨取果汁，加入水适量及蜂蜜，拌匀，分2次饮服。另取柠檬皮适量，细嚼咽汁。每日2次。可预防食积胃热，口臭。

（5）柠檬红茶材料：柠檬1只，蜂蜜25克，红茶1~2克。制作：以上3味以沸水冲泡5分钟。日分3次饮服。可预防月经过多。

5. 芒果、柿子、甜瓜、橙子、枇杷保健方

芒果保健方

功效：清肠胃止呕吐、抗癌、滋润肌肤、防治高血压和动脉硬化、防治便秘、杀菌。

（1）芒果菠萝汁材料：菠萝 200 克，柚子 1/4 个，芒果 1 个。制作：菠萝去皮，以食盐水洗净，切成长条。柚子去皮，切成块。芒果洗净，去皮、核，切成块。菠萝条、柚子块、芒果块放入搅拌机搅匀。饮服。可预防暑热口渴。

（2）芒果汁材料：芒果 3 个。制作：芒果去皮、核，放入搅拌机搅匀。每日早晚各服 20 毫升。可预防食欲不振，消化不良，恶心呕吐。

（3）芒果饮材料：芒果（切片）2-3 个。制作：芒果片以沸水冲泡，代茶饮。每日一剂（芒果加水煎服也可）。可预防声音嘶哑。

（4）芒果柚子汁材料：芒果 1 个，柚子半个，柠檬汁少许，蜂蜜 3 匙，冰块半杯。制作：芒果洗净取果肉。柚子去皮、籽取果肉。芒果肉、柚子肉、蜂蜜放入搅拌机搅匀，与冰块混匀，加入柠檬汁。饮服。可预防便秘。

（5）芒果生姜饮材料：芒果片 30 克，生姜 5 片。制作：水煎服。每日 2-3 次。可预防气逆呕吐。

柿子保健方

功效：润肺生津、抗甲状腺肿大、健脾开胃、润肠止血、解酒、改善心血管功能。

（1）柿子糖水汁材料：柿子 1 个，白糖少许。制作：柿子去皮、蒂，搅汁，加入白糖调匀。早晨饮服。可预防咳嗽痰多，食欲不振，心中烦热，口渴。

（2）柿子汁材料：未成熟柿子 2 个。制作：柿子洗净，去蒂、皮、核，捣烂，搅汁。加入温开水 50 毫升搅匀。每日饮服 2 次。可预防地方性甲状腺肿大，高血压。

（3）柿子葱白汁材料：柿子 150 克，葱白 50 克，蜂蜜适量。制作：柿子洗净，去皮、蒂、核，切条快，搅汁。葱白洗净，切成长段，用榨汁机榨汁，加入蜂蜜调匀，以凉开水稀释为 10% 的溶液，用于漱口。每日 5-10 次，连用 3-5

日。可预防扁桃腺炎，口腔炎。

（4）柿霜汁材料：柿霜3克。制作：柿霜放入温开水化服。每日3次。可预防咽喉炎

（5）参杏芩柿饼饮材料：柿饼15克（或柿霜5~10克），南沙参，苦杏仁各9克，黄芩6克。制作：水煎服。日分2次饮服。可预防肺热咳嗽。

甜瓜保健方

功效：美容、利尿、有利于肾机能不良者、生津止渴、防治高血压。

（1）甜瓜汁材料：甜瓜1个。制作：洗净切块，用榨汁机榨汁。饮服。可预防小便不利。

（2）甜瓜柠檬汁材料：甜瓜1/3个，柠檬1/4，蜂蜜2小匙，冰块半杯。制作：甜瓜洗净切块榨汁，柠檬绞汁。制作：2味同放入搅拌机搅拌，加入柠檬汁和蜂蜜一同搅匀加入冰块，饮服。可预防排尿不畅。

（3）甜瓜香蕉汁材料：甜瓜1/4个，香蕉1个。制作：2味一起用搅拌机搅匀。饮服。每日1次。可预防高血压。

（4）甜瓜苹果汁材料：甜瓜、苹果各250克，胡萝卜150克。制作：3味用搅拌机搅匀。饮服。可预防皮肤疾患。

（5）甜瓜子饮材料：甜瓜子30克，白糖50克。制作：甜瓜子捣烂，加水200毫升，以武火煎沸，加入白糖，改用文火续煎10分钟。待温饮用、每日2次。可预防肺痈，肠痈，蛔虫，丝虫。

橙子保健方

功效：开胃解渴、通便、治疗慢性气管炎、美容、利尿、减低胆固醇。

（1）甜橙柚汁材料：甜橙2个，柚子1/4个。制作：甜橙洗净，一剖两半，用榨汁机榨汁。柚子连皮洗净，切成长条。柚子条放入榨汁机榨汁，加入甜橙汁拌匀。饮服。

（2）哈密瓜甜橙汁材料：甜橙1/4个（带皮），哈密瓜1/4个。制作：哈密瓜洗净，去皮、籽，切成长条。甜橙去核，切片。甜橙片、哈密瓜条分别放入榨汁机榨汁，混匀。饮服。可预防体质虚弱，津少胃热。

（3）无花果橙汁材料：甜橙1个，无花果250克。制作：无花果洗净，

去皮切条块。甜橙洗净，一切两半，用榨汁机榨汁。无花果块放入榨汁机榨汁，加入甜橙汁拌匀。饮服。可预防咽喉肿痛。

（4）甜橙果汁材料：甜橙、橘子各2个，柠檬1/4个。制作：甜橙洗净，一切两半，用榨汁机榨汁。橘子洗净，去皮掰瓣。柠檬洗净，连皮切成条块。橘子瓣、柠檬块一起放入榨汁机榨汁，加入甜橙汁拌匀。饮服。可预防血管破裂或阻塞，感冒，过敏性炎症。

（5）甜橙薏苡仁粥材料：橙子1个，薏苡仁30克，蜂蜜少许。制作：橙子水煎15分钟，去渣留汁。加入薏苡仁煮粥，拌入蜂蜜。当早点食用。可预防口干心烦，食少气逆，小便不利。

清除蔬菜污染的简便法

清水浸泡：主要用于菠菜、生菜、小白菜等叶类蔬菜。一般先用清水冲洗掉表面污物，然后用清水浸泡10分钟左右，可清除残留的大部分农药成份。为加速农药的溶出，可加入果蔬清洗剂。

盐水浸泡：在清洗青菜的水里撒一些盐，也可有效去除蔬菜表面的农药残留。

碱水浸泡：用碱水浸泡可迅速分解蔬菜里的残留农药。将初步冲洗后的蔬菜放入碱水中，根据菜量多少配足碱水。在500毫升清水中加入食用碱5至10克，浸泡5至10分钟后，用清水冲洗蔬菜。

加热烹饪：氨基甲酸酯类杀虫剂等残留农药，随着温度的升高分解速度会加快。常用于芹菜、圆白菜、青椒、豆角等。先用清水将表面污物洗净，放入沸水中2至5分钟捞出，然后用清水冲洗1至2遍后，再烹饪成菜肴。

去皮法：对于带皮的蔬菜，如黄瓜、胡萝卜、冬瓜、南瓜、茄子等，削去含有残留农药的外皮，食用肉质部分。

储存保管法：农药在空气中随着时间的推移，能够缓慢地分解。对一些易于保管的蔬菜，可以通过一定时间的存放，来减少农药残留量。如冬瓜、南瓜等不宜腐烂的品种。

枇杷保健方

功效：止咳化痰、保护皮肤、生津止渴、增进食欲。

（1）枇杷汁材料：枇杷4个，柠檬汁数滴，蜂蜜3小匙。制作：枇杷洗净剥皮去核。与蜂蜜放入搅拌机搅匀，滴入柠檬汁拌匀。饮服。可预防疲劳体乏，咳嗽痰多。

（2）枇杷蜂蜜汁材料：枇杷10个，蜂蜜3大匙。制作：枇杷洗净剥皮去核，搅汁，加入蜂蜜，冷开水适量一并放入搅拌机搅匀。饮服。可预防疲劳体乏，咳嗽痰多。

（3）瓜果枇杷汁材料：苹果半个，鸭梨2个，香瓜100克，枇杷3个，鲜牛奶半杯，蜂蜜2小匙。制作：前4味去皮、核，切块，榨汁，放入搅拌机搅匀。加鲜牛奶，蜂蜜调匀。可预防皮肤疾患。

（4）枇杷果乳汁材料：枇杷2个，果乳半小盒，鲜牛奶10毫升，蜂蜜1小匙，鲜柠檬汁几滴。制作：枇杷洗净、剥皮去核，取果肉与蜂蜜、牛奶、果乳放入搅拌机搅匀，滴入柠檬汁。饮服。可预防肺热痰多，疲劳乏力。

（5）枇杷百合藕羹材料：枇杷、百合、莲藕（均用鲜品）各50克。制作：百合分瓣洗净，枇杷洗净去核，莲藕洗净刮皮切片。以上3味加水煎沸，以湿淀粉调成羹，稍煮即成，调入糖和桂花。饮服。可预防肺结核，久咳，吐血，口渴。

6. 枣、梨、杏、橄榄、樱桃、杨梅、番木瓜保健方

枣保健方

功效：增强人体免疫力；增强肌力；增强体重；保护肝脏；镇静安神，抗过敏；防癌抗癌。

（1）大枣苹果汁材料：鲜大枣15枚，梨2个，苹果1个。制作：梨、苹果洗净去皮核，切成小块。以上3味分别放入搅拌机搅匀，饮服。可预防体质衰弱。

（2）大枣香蕉奶汁材料：大枣4枚，香蕉1根，酵母奶大半杯。制作：大枣以温热水浸25分钟，去核，香蕉去皮，与酵母奶放入搅拌机搅匀，饮服。可预防贫血，神经衰弱，失眠。

（3）大枣芹菜饮材料：大枣30克，芹菜50–100克。制作：洗净，水煎服。每日2剂，分2次饮服。连服7日为一个疗程。可预防高胆固醇血症。

（4）大枣木耳饮材料：大枣黑木耳各15克，冰糖10克。

制作：大枣、黑木耳以温水泡发，加水适量喝冰糖，入锅蒸1小时。每日一剂，食黑木耳饮汤。连服30日为一个疗程。可预防再生障碍性贫血。

（5）大枣茶材料：大枣10枚，茶叶5克，白糖10克。制作：大枣洗净，加水适量及白糖，煎至大枣烂熟。茶叶用沸水冲泡，加盖闷5分钟，取茶汤加入枣汤拌匀。代茶饮。可预防血虚引起的骨质疏松症。

梨保健方

功效：增强心肌活力；祛痰止咳；保护肝脏；降低血压；防癌抗癌；促进消化。

（1）梨泡汁材料：梨1–2个。制作：梨洗净去皮、核，切片，以凉开水浸泡半日，取浸泡液代茶饮。每日1剂。可预防口臭，体臭。

（2）麻黄梨汁材料：梨1个，麻黄1克。制作：梨去核，其中放入麻黄，盖严，蒸熟，去麻黄，食梨饮汁。每日2–3次。可预防百日咳。

（3）荷花梨汁材料：梨3个，荷花20克，红糖适量。制作：梨洗净，切成小块，以榨汁机榨汁。荷花以沸水冲泡一小杯，与梨汁、红糖拌匀。饮服。每日1剂。可预防迎风流泪。

（4）雪梨香蕉苹果汁材料：雪梨1个，香蕉1根，苹果1个，蜂蜜1小匙。制作：苹果、雪梨去皮、核，放入榨汁机榨汁，与去皮的香蕉搅汁，再加入蜂蜜搅匀。饮服。可预防免疫力低下。

（5）梨贝桑杏饮材料：雪梨1个，桑叶、杏仁、川贝母各10克。制作：水煎服或沸水冲泡，代茶饮。可预防急性支气管炎。

杏保健方

功效：生津止渴；润肺止咳；润肠通便；抗癌；保护视力，提高机体抗病能力。

（1）杏李鲜汁材料：杏子、李子各150克。制作：杏和李子洗净，去皮、核，放入榨汁机榨汁。饮服。可预防癌症。

（2）杏姜萝卜饮材料：杏仁9克，生姜3片，白萝卜100克。制作：水煎。食萝卜、杏仁，饮汤。可预防伤风咳嗽。

（3）鲜杏冰糖饮材料：杏子3枚，冰糖少许。制作：杏子水煎，加少许冰糖饮用。可预防中暑。

（4）杏干饮材料：杏干2-3枚。制作：沸水冲泡，代茶饮。可预防习惯性便秘。

（5）杏仁绿茶材料：甜杏仁5-9克，绿茶1-2克，蜂蜜25克。制作：甜杏仁加水1000毫升，煎沸15分钟，加入绿茶和蜂蜜，再煎3分钟。饮汁，每次200毫升，隔3-4小时饮服1次。可预防肺癌。

橄榄保健方

功效：开胃消食，消炎止痛；化解鱼刺和食物中毒；促进婴儿大脑发育。防治心脏病、胃溃疡。

（1）橄榄甘蔗汁材料：甘蔗200克，橘子2个，橄榄5枚。制作：甘蔗洗净，去皮，切成小块。橘子洗净，去皮掰瓣。橄榄洗净，去核。甘蔗块、橘子瓣、橄榄放入榨汁机榨汁。饮服。可预防体质虚弱。

（2）橄榄栗子汁材料：橄榄4-6枚，栗子3枚。制作：橄榄去核取肉，栗子肉拍烂，一同放入搅拌机，加凉开水搅成果汁。饮服。可预防咽喉痛。

（3）橄榄汁材料：橄榄20枚。制作：橄榄洗净，捣烂取汁。必要时饮用。兼治：河豚、毒蕈中毒，酒醉不醒。

（4）橄榄饮材料：橄榄7枚。制作：橄榄加水炖熟。吃橄榄，饮汁。可预防痢疾。

（5）橄榄茶材料：橄榄3枚，绿茶适量。制作：橄榄洗净，用刀割成裂纹，加水200毫升，煎沸5分钟。绿茶以橄榄汁冲泡5分钟。饮服。可预防咽喉炎，扁桃体炎。

樱桃保健方

功效：适于缺铁性贫血者；皮肤润泽；防治麻疹。

（1）樱桃汁材料：樱桃 250 克。制作：樱桃洗净除梗，放入榨汁机榨汁，用洁净纱布过滤。饮服。可预防痤疮。

（2）樱桃奶汁材料：樱桃 100 克，牛奶 150 克，蜂蜜适量。制作：樱桃洗净，除去内核。牛奶煮沸，冷却。樱桃肉放入榨汁机榨汁，加入牛奶、矿泉水 1 小杯、蜂蜜调匀饮服。可预防脸面皮肤疾患。

（3）樱桃酒材料：樱桃 500 克，米酒 1000 毫升。制作：樱桃洗净置坛中，加米酒浸泡，密封。每 2-3 日搅动 1 次，15-20 日即成。每日早、晚各饮服 50 毫升，并食樱桃 8-10 枚。可预防风湿性腰腿痛，屈伸不利，冻疮。

（4）樱桃密封汁材料：樱桃 150 克。制作：樱桃装罐内密封，埋入地下。1 个月后取出，樱桃化为汁液，去核，给儿童饮服该汁 200 至 250 毫升，有益身体健康。

（5）樱桃膏材料：樱桃 1000 克，蜂蜜 500 克。制作：樱桃榨汁，以文火煎 30 分钟，加入蜂蜜搅匀，冷却即可。每次饮服 10 毫升，每日 2 次，连续服用。可预防病后体虚，食欲不振，乏力。

杨梅保健方

功效：增进食欲；祛暑生津；抑菌止痢；抗癌防癌。

（1）杨梅姜汁材料：杨梅适量，生姜汁 1 匙，冰糖适量。制作：杨梅绞汁 1 杯，与生姜汁和冰糖水混匀。饮服。可预防恶心呕吐。

（2）杨梅酒材料：杨梅，白酒适量（高粱酒最佳）。制作：杨梅浸泡于白酒中，密封 1 周。每次服食 2-3 枚杨梅或饮杨梅酒半杯。每日 2-3 次。可预防虚寒性腹痛。

（3）杨梅水材料：杨梅适量。制作：杨梅用食盐腌制，时间越久越好。临用时取数枚泡水饮服。每日 2 次。可预防腹泻。

（4）甜杨梅饮材料：杨梅 500 克，白糖 50 克。制作：杨梅、白糖捣烂放入瓷罐，自然发酵 1 周成酒。用纱布滤汁，即为 12 度杨梅甜酒。必要时加白糖适量，煮沸，停火，待凉后装瓶，密闭保存。夏季佐餐饮服。可预防中暑，腹泻（适于夏季饮用）

（5）杨梅饮材料：杨梅 60 克，温开水 250 毫升。制作：杨梅捣烂加温开水调匀。饮服。每日2次，连服2个月为一个疗程。可预防慢性前列腺炎。

家厨废料成美食

爆炒冬瓜皮：把冬瓜皮洗净，切成细细的丝。加辣椒爆炒，少放些醋出锅。翠绿清香、酸辣爽口。

爆炒西瓜皮：把西瓜的绿皮和红瓤去掉，与爆炒冬瓜皮的步骤差不多。

红烧柚子皮：把柚子外面的老皮去掉、晒干，用时在水里泡几个小时，与红烧肉同烧。

凉拌莴苣叶：莴苣叶子不要丢掉，用开水焯后，放些佐料凉拌，还可做馅，包包子、包饺子吃。

蘸酱萝卜叶：小红萝卜叶子洗净后蘸酱吃；胡萝卜叶子可以切碎，拌面蒸着吃；白萝卜的叶子可以凉拌或腌了吃。

萝卜缨汤：樱桃萝卜含有较高的矿物质元素，有健胃消食、除燥生津、止泄利尿等功效，生食有促进肠胃蠕动、预防肠道癌等作用。另外，吃萝卜的同时，别随手扔掉萝卜缨，它的维生素C含量，钙、镁、铁、锌含量比樱桃萝卜的根高3至10倍。萝卜叶可做汤，与主食共享。萝卜叶还可切碎和肉末一同炒食；还可做成包子馅、饺子馅。

◆菜根能治病：（1）干白菜根一块，红糖30克，生姜3片，水煎服，可治感冒。（2）空心菜根120克，水煎服，可治痢疾；空心菜根120克，醋与水各250毫升，同煎汤含漱，可治龋齿牙痛。（3）用鲜黄瓜根30克，水煎后加白糖饮服，可治急性肠炎、腹泻。（4）把苦瓜根晒干研末，调蜂蜜外敷可治热毒、疔疮；苦瓜根60克，冰糖30克，加水煎服，可治热毒泻痢。（5）芹菜根60克，大枣10枚，水煎，吃枣喝汤，可预防动脉硬化。（6）把韭菜根、叶捣烂取汁，取一杯温开水冲服。1日1次，适于治急性肠炎、慢性便秘。

◆橘子皮的保健功能：（1）熬粥时放橘皮，芳香可口。对于胸腹胀满或咳嗽痰多的人，有治疗作用。（2）做馒头时放一点到面粉里，蒸出的馒头有清香味。（3）做肉汤时，放几块橘皮，汤味鲜美，没有油腻的感觉。将橘皮洗净烘干，压成粉末做调味品，做菜、汤时放一点，味道好。（4）橘皮9克，核桃仁1个，生姜3片。水煎服，治疗感冒咳嗽。取晒干的橘子皮适量，浸泡在白酒中20多天后再饮用，有清肺化痰的功效。橘皮适量，烤焦研末，加凡士林调涂患处，治疗冻疮。

"家厨眼中无废料"。把别人认为是废料的东西，烹制成美味佳肴。菜花和包菜的根可以做成泡菜，红薯叶子可以煮面条，芝麻叶子可以做凉拌菜或炒菜。广东有道名菜叫"柚皮扣"，就是用柚皮和猪后腿肉做成的。

番木瓜保健方

功效：健脾消食；扛痨杀虫；通乳抗癌；抗痉挛。

（1）青番木瓜汁材料：青番木瓜5-6个。制作：青番木瓜连皮带子切块加凉开水适量，放入榨汁机榨汁，过滤后，每次饮汁300毫升，当日1次，隔日喝1次，共5次（可适当加些蜂蜜）。可预防工作紧张所致胃痛，胃部不适。

（2）番木瓜橙汁材料：番木瓜200克，鲜橙1个，柠檬1/4个。制作：番木瓜去皮、核，切成小块，放入搅拌机搅汁。鲜橙与柠檬分别用榨汁机榨汁，与番木瓜汁调匀。饮服。可预防皮肤日光灼伤。

（3）番木瓜鸭梨汁材料：番木瓜80克，鸭梨半个，柠檬半个，淡豆浆半杯，蜂蜜2小匙，冰块适量。制作：柠檬榨汁。鸭梨，木瓜去皮、核，切块，与豆浆放入搅拌机搅匀，加入蜂蜜、柠檬汁调匀。饮服。可预防消化不良。

（4）番木瓜牛奶汁材料：番木瓜100克，脱脂奶粉1匙，蜂蜜2小匙。制作：番木瓜去皮、核，切块，加脱脂奶粉、蜂蜜，一同放入搅拌机搅匀。可预防骨骼、指甲疾患，便秘。

（5）番木瓜茶材料：番木瓜6克，红茶3克。制作：番木瓜切碎，加水300毫升，煎沸10分钟。以番木瓜汁沏红茶，加盖3-5分钟。频频热饮。可预防风湿性关节炎。

素语录：防癌八个"不"

（1）不吃霉变食物。（2）不吃过烫食物。（3）不吃腌制品，如酸菜、泡菜、酱菜、咸鱼、咸肉、咸蛋。（4）不常吃烟熏、油炸、火烤的食品。（5）不常喝高浓度酒。（6）不常喝咖啡。（7）不常吃着色食品。（8）不常吃高脂肪食物。

第五节　品茶静心——远向溪边寻活水，
闲于竹里试阳芽

1. 品啜——平生于物元无取，消受山中茶一杯

"俗人喝酒，高人品茗"，茶和高雅情趣有不解之缘。随着现代生活压力的增大，人们越来越重视品茶，以稀释胸中的不快。喝茶主要是为了解渴，满足生理需要，这种快感还不能称之为美感，只有品茶才能上升为精神上的享受，给人们的心理带来调适。品茶要有悠闲的时间，清雅的环境，平和的心境。古人比现代人悠闲自在，故比现代人更会品茶。《红楼梦》第四十一回贾宝玉品茶栊翠庵，刘姥姥醉卧怡红院）中，妙玉借用当时流行的话说"一杯是品，二杯是解渴的蠢物，三杯便是驴饮了。"妙玉的话道出了喝茶与品茶的区别，也就是快感与美感的区别。品茶重在"品"字，细细品啜，在徐徐体味和欣赏之中，使自己的感情升华，从而获得精神上的愉悦。喝茶与品茶两者所需的时间不一样。喝茶时间较短，达到解渴的目的后即刻离去；品茶所需时间较长，是一种精神享受，常使人流连忘返。在品茶中，我们会愉悦、激动、舒畅、感情跌宕起伏、思潮翻滚；这里有静观、有联想、有评价，思绪缠绵、情理交融。这种感受是人的阅历素养、道德情操以及性格、性别等多种因素的综合反映。

（1）静观。在审美体验中，人们静观默尝，浑然忘我。宋代诗人黄庭坚，字山谷有一首《品令·茶词》："凤舞团团饼，恨分破，教孤令。金渠体净，

只轮慢碾，玉尘光莹。汤响松风，早减了二分酒病。味浓香永。醉乡路，成佳境。恰如灯下，故人万里，归来对影。口不能言，心下快活自省。"诗人在词中，将茶比做"故人"，万里归来同自己谈心，诗人虽"口不能言"即无法用语言来表达此时的感受，但心中愉悦。黄山谷以茶解酒，静观、默尝，整个身心进入了一种忘我的精神境界。

（2）联想。车尔尼雪夫斯基说过："美的事物在人心中唤起的感觉，是类似我们在心爱的人面前，洋溢心中愉悦。"这种愉悦的感觉是一种审美感受。"若把西湖比西子，从来佳茗似佳人"——这副对联联想奇妙，比喻精当，用拟人的手法将佳茗人格化，用西施来比喻西湖的自然美，用心目中的佳丽来比喻优质的茶叶美，可谓是对茶的赞赏，是对品茗美感的抒发

（3）倾羡。茶圣陆羽的《六羡歌》是一首品茶的赞美诗："不羡黄金垒，不羡白玉杯。不羡朝笔入省，不羡暮登台。千羡万羡西江水，曾向竟陵城下来。"陆羽为中国茶叶贡献出毕生精力，他视功名富贵如敝履，而将一杯西江净水珍若拱璧。全诗情真意切，回环复沓，思绪缠绵，表现了茶圣高洁的情操，以及热爱茶叶的倾羡之心。

（4）评价。根据品茗的亲身感受，以不同的角度抒发了自己的情感。有的人将茶比做美酒"旧谱最称蒙顶味，露芽云液胜醍醐"；有的人将茶比做故旧友好"琴里知闻唯绿水，茶中故旧是蒙山"；有的人将茶比做芬芳四溢的香花"入山无处不风翠，碧螺春香百里醉"；有的人甚至与世无求，只求终身与茶相伴"平生于物元无取，消受山中茶一杯"。

审美感受不是一种单纯的生理快感，它是对客观审美对象一种特殊的、能动的反应。品茶是人们运用审美力对茶之美进行欣赏和联想，进入美德境界中去，是中华民族高洁清雅风格的体现，是生活的升华，是艺术的结晶！唐代诗人卢仝的《七碗茶歌》中这样描述饮茶："一碗喉吻润，二碗破孤闷，三碗搜枯肠，唯有文字五千卷。四碗发轻汗，生平不平事，尽向毛孔散。五碗肌骨清，六碗通仙灵，七碗吃不得也，唯觉两腋习习清风生。"从养生角度看，私心太重、嗜欲不止，就会扰乱心神，气血紊乱，产生忧郁、失望、

悲伤、苦闷等不良情绪。茶能平衡心态，茶味道平淡中带幽香，品茶使人心境向茶一样清雅平静，吉祥身心。

鲁迅先生在《喝茶》一文中这样写道：有好茶喝，会喝好茶，是一种"清福"。其实人生亦茶，苦涩中蕴含着甘甜，一道浓酽、二道清醇、三道趋淡。只有静心品茗，喝出人生的酸甜苦辣，才能品味到一份怡然自得的好心情。

怎样辨别陈茶

一观色泽：茶叶在贮存过程中，由于受空气中氧和光的作用，使构成茶叶色泽的一些色素物质发生缓慢的自动分解。如绿茶中叶绿素分解的结果，使色泽由新茶时的青翠嫩绿逐渐变得枯灰黄绿。绿茶中含量较多的维生素C氧化产生茶褐素，使茶汤变得黄褐不清。而对红茶品质影响较大的黄褐素的氧化、分解和聚合，还有茶多酚的自动氧化的结果，使红茶由新茶时的乌润变成灰褐。很多人认为花茶汤色越浓艳，甚至发红最佳，认为这样的花茶口感浓、颜色重、品质好；其实好的茉莉花茶汤色应该是金黄色的，而颜色重、甚至发红的茉莉花茶往往就是陈茶，或者是新茶与陈茶进行拼配过的茶。

二品滋味：选购茶叶时坐下来品一品。在品尝、对比的过程中体现出茶的好坏。陈茶由于茶叶中脂类物质经氧化后产生了一种易挥发的醛类物质，或不溶于水的缩合物，结果使可溶于水的有效成分减少，从而使滋味变得淡薄；同时，又由于茶叶中的氨基酸的氧化，使茶叶的鲜爽味减弱。

三闻香气：陈茶由于香气物质的氧化，缩合物缓慢挥发，使茶叶由清香变得低闷混浊。科学分析表明，构成茶叶香气的成分有300多种，主要是醇类、酯类、醛类等物质。它们在茶叶贮藏过程中，即能不断挥发，又会缓慢氧化。因此，随着时间的延长，茶叶的香气就会由浓变淡，香型就会由新茶时的清香馥郁而变得低闷混浊。

我国茶界泰斗张天福，出生于 1910 年，毕生从事茶叶科研和茶文化传播工作，年过百岁，担任中华茶人联谊会名誉理事长、中国国际茶文化研究会顾问。他撰写的《人生与茶》对人很有启发："我平生烟酒不沾，但每天必饮茶。看着一朵朵祥云般的茶雾升腾，脑子里不免闪过一些品茶与过好老年生活的感悟，我概括为——'俭、清、和、静'。世间利禄来来往往，红尘滚滚炎凉荣辱，这些都渐渐离我们而去，唯有淡泊，才可以尽享怡然自得的晚年生活之乐。饮茶可以让人的心灵更加清明虚静；居所更加清幽高雅；结交朋友更加冲淡绝尘，不污时俗。茶尚俭，勤俭朴素；茶贵清，清正廉明；茶导和，和衷共济；茶至静，宁静致远。俭、清、和、静，这是我提倡的中国茶礼，也是我奉行的晚年生活哲学。"

2. 四季饮茶有区别，饮茶也有不宜时

"粗茶淡饭"已成为大多数中国人日常的饮食习惯。在漫长的岁月中，茶因其健康属性而受到国人的喜爱，但饮茶不当，会对身体造成不良影响。

饮茶四季有别：春饮花茶，夏饮绿茶，秋饮青茶，冬饮红茶。春季饮花茶，可以散发冬天积存在人体内的寒邪，促进人体阳气发生。夏饮绿茶为佳，绿茶性味苦寒，可以清热、消暑、解毒、止渴、强心。秋季饮青茶为宜，青茶不寒不热，能消除体内的余热，恢复津液。冬季饮红茶为理想。红茶味甘性温，含有丰富的蛋白质，能助消化，补阳气，使人体强壮。

饮茶也有不宜时：饮茶对于解腻除油、消食利尿具有一定的作用，但并不是喝得越多越好，也不是所有的人都适合饮茶。对于患有失眠、神经衰弱、心脏病、胃溃疡等病患者不适合饮茶，哺乳期及怀孕妇女和婴幼儿也不宜饮茶。

不饮过浓的茶：浓茶会使人体"兴奋"。有心血管疾患的人在饮用浓茶后可能出现心跳过速，甚至心律不齐，造成病情反复。有神经衰弱或失眠症的人，尤应注意临睡前不饮茶。睡前饮茶，入睡将变得非常困难，甚至严重

影响次日的精神状态。

喝奶类制品时不要同时饮茶：在喝牛奶或其他奶类制品时不要同时饮茶。茶叶中的茶碱和鞣酸，使奶类制品中的钙元素结合成不溶解于水的钙盐，并排出体外，使奶类制品的营养价值大为降低。茶中的鞣酸与海味中的蛋白质合成鞣酸蛋白质，会使肠蠕动减慢，易造成便秘，增加有毒物质。

女性经期不宜多饮茶：茶叶中的鞣酸会妨碍肠黏膜对铁质的吸收利用，女性经期经血会带走部分铁质，此时宜多补充含铁量丰富的食品，如苹果、葡萄、毛豆等。

女性孕期、临产期不宜饮茶：茶中咖啡碱会加剧孕妇的心跳。临产前喝太多浓茶会因咖啡碱的兴奋作用引起失眠，如果在产前睡眠不足，会导致分娩时阵痛无力，甚至造成难产

贫血时不宜饮茶：茶中鞣酸可使饮食中铁元素发生沉淀而不易吸收。铁是制造红细胞的重要原料，机体缺铁会使红细胞生成受阻，发生缺铁性贫血。长期饮茶者多有不同程度的缺铁，对体弱血亏及失血者影响最大。

残茶的妙用

（1）残茶叶晒干后，装入枕套当枕芯，枕之清凉醒目。（2）残茶叶擦洗油腻的锅碗，木、竹桌椅，物品更为光洁。（3）残茶叶晒干，铺撒在潮湿处，能够去潮。（4）残茶叶浸入水中数天后，浇在植物根部，促进植物生长。（5）湿茶叶可以消除容器里的鱼腥味。（6）把茶叶撒在地毯上，再用扫帚拂去，能带走尘土。（7）残茶叶还可以喂养刚出生的小蚕。（8）残茶叶晒干，放到厕所或沟渠里燃熏，可除恶臭、驱蚊蝇。

第六节　喝酒知性——饮酒不醉尚为高，近色不乱乃英豪

1. 美酒馨香人莫醉

酒，多半与欢乐喜庆在一起。有客自远方来，要喝洗尘酒；新婚典礼要喝合欢酒，新春佳节要喝团圆酒，立了功要喝庆功酒。

酒，与世世代代的人们结下了不解之缘。游子想家了要喝酒，有道是："浊酒一杯家万里"；怀古凭吊要喝酒，"一樽还酹江月"；即使在金戈铁马的疆场上也忘不了酒，"醉里挑灯看剑，梦回吹角连营"……

酒在我国有悠久的历史，早在四千多年前，夏禹就有"禹饮而甘之"的传说。随后历代都有名酒传世。如唐朝的"石梁春"、"剑南春"、"霹雳春"；宋代的"珍珠红"；清代的"鉴湖酒"、"奔牛酒"……而今，我国各地的名酒，香飘万里，誉满五州。

酒的出现产生了许多与酒关联的名词。好酒的人称酒鬼，酿酒的地方称酒坊，酒客之间相互称酒友；古时的酒店以酒旗做招牌，还有什么酒正、酒保、酒仙、酒兵……简直不可胜数，而"酒色财气"又为人生之四戒。有诗道："酒是断肠毒药，色是剐骨钢刀，财是要命阎王，气是惹祸根苗。"看来四字有害，不如一笔勾销，但是——无酒不成礼仪，无色路断人稀，无财世路难行，无气反被人欺，看来四字有用，劝君量体裁衣。

酒色财气四道墙，人人都在里边藏。只要你能跳过去，不是神仙也寿长。

现代文明人的行为是——"饮酒不醉尚为高，近色不乱乃英豪。无义之财君莫取，忍气饶人祸自消"。

2. 戒烟限酒，劝君少饮

吸烟是引起癌症和其他疾病的重要原因。调查显示：95% 的成年人知道吸烟有害，但愿戒者仅占 50%，而真正戒烟成功者不足 5%。

"我每天只喝很少的一点酒，这样对身体没什么害处吧？"有些人喝酒已养成了习惯，上了瘾，很不容易戒掉，那么就应该减少酒量。为防止从少量饮酒恶化到酗酒，世界卫生组织已把少量饮酒有利于健康的观点改为饮酒越少越好。饮酒限度：纯白酒男士每天不超过 20 克，女士不超过 10 克。酒依赖者戒酒时要循序渐进，逐渐减量，不能骤然停饮，否则会引起情绪失常、肢体震颤、幻听幻觉等戒断反应，严重者可引发死亡。

酒是一种具有扩张血管作用的饮品，平时人们经常看到的所谓"一喝酒就脸红"的现象就是酒精扩张面部血管的结果，引起脸色泛红甚至身上皮肤潮红等现象，也就是我们平时所说的"上脸"。与酒后"面不改色"的人相比，乙醛在这种人体内停留的时间越久，毒性作用更大。一般来说，过了 1–2 个小时后，红色就会渐渐褪去。这是因为，肝脏中的细胞会慢慢将乙醛转化成乙酸，乙酸进入循环系统后会被代谢掉。人人都应尽量少喝酒。人每大醉一次，犹如大病一场，醉酒十分伤害身体。酗酒或长期嗜酒，可导致营养不良、酒精性肝炎和肝硬化。大量事实证明，饮酒是原发性肝癌的辅因之一。近代医学证明，长期酗酒，可诱发口腔癌、喉癌、胃癌。育龄的男女酒醉，还会直接影响下一代的健康。

喜庆佳节，人们少不了要与酒打交道。奉劝诸位切不可狂喝暴饮。尤其要提醒的是把盏劝酒的主人，不要让客人喝得酩酊大醉。那种认为酒喝得越多越能显示自己热情大方的旧习俗是不可取的。现代生活方式是：劝酒适可而止，最好是自饮，酒香人不醉乃为上乘。你过量饮酒，不幸与痛苦就与你打交道；你适量饮酒，欢乐与喜悦就与你交朋友。诗人郭小川唱道："酗酒作乐的是浪荡鬼；醉酒哭天的是窝囊废；饮酒赞前程的，是咱社会主义新一辈……"。

消除醉酒后的症状

◆食物解酒法——多种果蔬消除醉酒后的症状

喝醉酒之后，如何缓解头痛、头晕、反胃、发热这些难受的症状呢？

（1）西红柿汁治酒后头晕。西红柿汁富含特殊果糖，能帮助促进酒精分解，一次饮用300毫升以上，能使酒后头晕感逐渐消失。喝西红柿汁比生吃西红柿的解酒效果更好。

（2）西瓜汁治酒后全身发热。西瓜具可以清热去火，能加速酒精从尿液中排出。

（3）芹菜汁治酒后胃肠不适、颜面发红。芹菜中含有丰富的B族维生素，能分解酒精。

（4）香蕉治酒后心悸、胸闷。酒后吃1～3根香蕉，能增加血糖浓度，降低酒精在血液中的比例，消除胸口郁闷。

（5）橄榄治酒后厌食、清胃热。直接食用，也可加冰糖炖服

（6）酸奶治酒后烦躁。酸奶钙含量丰富，能保护胃黏膜，对缓解酒后烦躁有效。

◆热姜水缓解酒醉：用热姜水代茶饮用，可加速血液流通，消化体内酒精。在热姜水里加适量蜜糖，缓解或消除酒醉。饮酒后补充一些含有维生素较多的水果，如西瓜、菠萝、柑橘、草莓、柠檬等。

◆酒前饮"甘茶"能护肝。甘茶的原料是一种名叫"土常山"的一种类似绣球花的植物，将这种植物的叶子和根茎发酵并用花水熬过以后就制成了名叫"甘茶"的饮料。通过发酵，提炼出来的有效成分的甜度

是砂糖的 400 倍。专家们发现它具有抑制肝脏疾病的作用，并且做过两周的动物实验，因此，德国已经把它列为保肝的一种药品，对于因酒精所致的肝脏疾病疗效甚高。

◆蜂蜜治酒后头痛。蜂蜜中含有一种特殊的果糖，可以促进酒精的分解吸收，减轻头痛症状，尤其是红酒引起的头痛。酒后及时喝果汁或糖水，可对肝脏起到保护作用；吃点猴头菇，可以保护胃黏膜不受损害；也可以喝点汤，尤其是姜丝炖鱼汤，解酒功效较好。

◆喝葡萄酒防治肠胃病。美国旧金山一家医院的研究人员称，葡萄酒的杀菌能力强，可杀死幽门螺旋杆菌。解释是：葡萄酒在酿制过程中产生了一种被称为多酚的物质，正是这种物质起到了杀菌的作用。

◆不喜欢饮酒的人，可以用果汁、茶水代替。就餐时不宜饮用大量汽水和啤酒，因为这不仅会冲淡胃液，而且会使胃扩张刺激饱感中枢。

第三章　素居——生态环保　装饰淡雅

―――――――――――――――●　素居之悟　●――――――――――――――――

粗茶淡饭身体好，简约装修污染少。

（1）树立安全、环保、节能和节约的室内装饰装修消费观念；

（2）提倡简约、自然、淡雅的装饰风格，避免繁复的造型和大改造施工；

（3）选择节能产品。

第一节 房屋装修——别把污染带回家

1. 豪华装修——"花钱买污染"

有人住进了装修好的新房，但入住后却头晕眼胀、浑身不适。经检查，原来房间内的有害气体含量超标。为了营造富丽堂皇的居所，有些人舍得花钱，而不大考虑装修材料对人身的危害。这种轻率地热衷于豪华装修的现象，被人嘲笑为"花钱买污染"、"花钱买罪受"。

新装修的房屋中存在的隐患：氡气——存在于建筑材料中，诱发肺癌；石棉——强致癌物质，存在于防火材料、绝缘材料、水泥制品中；甲醛——引起皮肤敏感、刺激眼睛和呼吸道，存在于家具黏合剂、海绵绝缘材料、墙面木镶板中；苯——存在于油漆、清漆和有机溶剂中，具有较大的刺激性和毒性，能引起头疼、过敏、肝脏受损，甚至导致癌症。此外，一些过度的装修还会造成房屋承重过大、抗震性减弱、易燃烧、易引发火灾等缺陷。所以，我们应尽量简化装修，使用环保建材。豪华装饰，不但浪费地球的资源，更是将大量的污染源带回了家中。简单装修，除节约资源外，还可以避免把隐患带回家。装修中尽量使用环保建材。新房装修后不要急于搬进去住，应打开窗户让空气流通，减少刺激性气味。还应适当绿化居室。

装修必然制造噪音、产出废料垃圾。一家装修，左邻右舍都不得安宁，短则十天半个月，长则至数月，扰邻虽不可避免，但应该采取措施使之减少到最低限度。爱自己的家，同时也不可无视大家。装修前，最好和邻居打声招呼，真诚地表示歉意，求得谅解。还要注意的是：房屋承重墙是自下而上承载建筑物重量的墙体，不得有任何的破坏，除承重墙以外的墙体不经物业管理部门审核批准，一般也不得拆除开洞、剔凿。阳台的承重力是有限的，每平方米不得超过 200 千克，使用时不要堆放重物，以免阳台坠裂破坏。住宅楼的室内装修，严禁随意拆动室内结构墙体及随意开门。

过度装修房屋不但浪费了大量资源，破坏了室内结构墙体，也同时把健康杀手如石棉、甲醛、苯等带进了房间，还造成房屋抗震性减弱、易引起火灾等致命缺陷。采用环保建材，或简单地进行装修，将装修的"比重"降到最低点，离"素生活"近一些；住安全健康、舒适美观、高效节能的往宅。

由于环境破坏、生态失衡，人们原来美好的住宅环境被钢铁、水泥、砖瓦、沥青和塑料所毁掉。现在，人们愈来愈向往田园生活，向往村落化的生态环境。现在，人们希望能够住进一个符合环保观念，有利于人体健康的"绿色住宅"。

2. 清除室内空气污染的有效对策

（1）增加室内换气频度是减轻污染的关键性措施。一般家庭在春、夏、秋季，都应留通风口或经常开"小窗户"；冬季每天至少早、午、晚开窗 10 分钟左右。教室、影剧院、车厢、商店等人群聚集的场所，尤应注意加强通风换气。（2）用煤、木柴等取暖的家庭，要经常检修炉灶，保持通风良好，严防不完全燃烧。（3）讲究厨房里的空气卫生。每次烹饪完毕须开窗换气；在煎、炸食物时，更应加强通风。油烟污染对人体危害尤甚，如能安装厨房排油烟机更好。（4）少用或不用家庭化学剂。用化学剂时应开窗，用后不可马上关窗，至少应开窗换气半小时。在居室及工作、学习的房间内戒烟。（5）室内摆放花卉植物。绿色植物能净化空气、杀菌除尘和吸收有害气体。以月季、蔷薇、杜鹃、虎尾兰、芦荟、吊兰、长青藤、菊花、铁树、龟背竹、天竺葵、万年青、百合等为佳。其中，芦荟、吊兰可吸收甲醛；长青藤、铁树可吸收苯；菊花、万年青可吸收三氯乙烯；月季、蔷薇、龟背竹、虎尾兰可吸收 80% 以上的多种有害气体；杜鹃花可吸收放射性物质；天竺葵、柠檬含有挥发油类，有显着的杀菌、净化空气作用。

> **素语录：春夏秋冬，开窗通风**
>
> 让日光直接照到室内，太阳光中的紫外线能起到消毒杀菌的作用，有利健康。

3. 清除尘螨的方法

房屋灰尘多在地毯、床垫、沙发等处积聚。而尘螨就以人体脱落的皮屑、人造脱落的棉花纤维和霉菌孢子等为食。潮湿的家庭环境是螨虫生长的"温床"。卧室的床被、枕头、被单、枕巾等织物上，常常是螨虫细菌出入的场所。螨虫虽然比灰尘还小，但是体质过敏者一旦吸入螨虫的虫体、虫卵、蜕壳及排泄物，均可发生过敏反应，表现为鼻眼发痒、鼻塞流涕、喷嚏多、干咳及哮喘。甚至还可能导致长期的慢性皮肤病症，如粉刺痤疮等。因此，家庭要重视尘螨的清除。

（1）定期清洗、清扫床罩、被罩和枕头，特别是沙发、地毯等"尘螨高发地段"。（2）清除绒面沙发浮尘：可把毛巾浸湿后拧干，铺在沙发上，再用木棍轻轻抽打，尘土就会被吸附在湿毛巾上。一次不行，可洗净毛巾，重复抽打。（3）少用空调。长期使用空调的房间里，由于与自然环境不直接能风，加之温度、湿度适合尘螨生长，容易哮喘咳嗽。（4）少用地毯。地毯是灰尘、皮屑容易集中的地方。若家中有幼婴儿，尽量不要使用地毯。（5）经常清除室内灰尘并保持通风。可使室内的尘螨明显减少。

居室平安三知

（1）慎用杀虫剂。在居室与庭院中使用含有化学物质的杀虫剂，会增加儿童发生癌症的危险。生活在常用化学品杀虫剂环境的儿童，其患恶性肿瘤的风险是从未使用过杀虫剂的儿童的4倍。通常用来杀死苍蝇、跳蚤等害虫的树脂都是用敌敌畏处理过，而敌敌畏可能诱发癌症并毒害儿童神经。

（2）消除居室异味法。①除霉味。夏秋季节家中的柜子、衣箱常因受潮而散发霉气味。如果把几块香皂或肥皂放到里面，霉味就会消除。②除冰箱内异味。清洗冰箱时，冰箱内的异味的不容易消除。如果用一片鲜桔子皮，洗净、揩干放入其内，三天内打开冰箱，异味全无。③除室内怪味。如果室内通风不畅时，常有碳酸气味，可在灯泡上滴几滴香水或花露水，待灯泡遇热后，慢慢散发出香味，怪味也就会消除。④除油漆味。新油漆的门窗、地板或家具有浓烈的油漆味，此时在地上放置几盆冷盐水，油漆味可消除。

（3）莫用化纤布洗餐具。常用的化学纤维布有涤纶、丙纶、锦纶等几大类。这些化纤品都是用化工原料以化学方法加工而成的高分子化合物，用这种废旧布擦洗餐具时，一些难以用肉眼看见的细小纤维容易脱落下来，沾附在餐具上。进餐时，这些脱落纤维物即可随食物一道进入人的胃肠道内。这些高分子化合物不容易被消化酶所消化分解，会影响胃肠壁的正常消化吸收，对胃肠道产生刺激作用，时间久了，容易诱发胃肠道病症。洗餐具的抹布最好用棉布、竹纤维布或丝瓜络。

第二节　家庭装饰巧用绿化

1.室内植物：点、线、面的装饰与分布

　　绿色植物能调节气温、湿度,净化室内空气,消除疲劳,对身心健康有好处。让绿色植物美化家庭,用清香袭人、鲜艳夺目的鲜花装饰居室,已成时尚。"室雅何须大,花香不在多"。室内花卉装饰重"质"不重"量",充当居室的陪衬、点缀,则能起到画龙点睛的作用。如果在斗室之中塞满各种花花草草,反而会使人感到憋闷。布置房间与写字作画一样,应"留空布白"给人以艺术想象的空间余地。既不能密密如麻,也不能空空如也,感到如意舒适为度。盆景、盆花、插花及其它摆设不宜太多,品种不可太杂,色彩不可太繁。室内植物装饰大体分为点、线、面三个方面:

　　点的装饰:点状植物绿化即指独立设置的盆栽乔木和灌木,则要突出重点。它们往往是室内的景观点,具有观赏价值和较强的装饰效果。要从形、色、质等方面精心选择,不要在它周围堆砌与它高低、形态,色彩类似的物品,以便使点的绿化更加醒目。用点状绿化的盆栽可以放在几、架、柜、桌上,或放置在地面上。

　　线的动感:线状植物绿化即指吊兰之类的花草,可以悬吊在空中或放置在组合柜顶端角处与地面植物产生呼应关系。这种植物其枝叶下垂或长或短,或曲或直,形成了线的节奏韵律。与搁板、柜橱以及组合柜的直线相对比,则能产生一种自然美的动感。

面的分布：即指以植物形成块面来调整室内的节奏。在家具陈设比较精巧细致时，可利用大的观叶植物，来弥补由于家具精巧而带来的单薄，增强室内陈设的厚重感。总之，运用何种方式，要根据具体房间的陈设，空间的需要进行选择，给人以艺术的美感，享受艺术的生活。

2. 家庭绿色摆设

家庭摆设可以是盆栽、盆景，也可以插花、干花。大自然的绿色造化，或含苞欲放、多姿多采、或绿叶摇曳、青翠欲滴，给居室增添了勃勃生机。

进厅、门廊。在进厅等处布置树木，在门廊的顶棚或墙上悬吊植物，能使人从室外进入室内时有一种自然的过渡和连续感。借绿化使室内外景色，通过通透的围护体相互连接，以增加空间的开阔感，使内部空间有自然界外部空间的因素，达到内外空间的"和睦相处"，组成一个变化多样，多姿多彩的立体空间。

窗台、书桌、浴室、厨房。窗台接近阳光，适合放置盆栽。一些小盆栽如仙人掌、文竹、吊兰、长春藤、紫罗兰等，尤其适合小环境。若放在浴室中有助沐浴时松弛神经。厨房中的植物能吸油烟，散发清新气息。书桌上放文竹，则可提神。

客厅。如空间够大的话，可选一些较大植物如龟背竹、孔雀木、巴西木、铁树等，放在一排矮柜旁边作隔间之用。一些叶子较茂密的大型植物，更可为家居带来清凉的感觉，但不可将大型植物放在睡房内，其压迫感不但会影响睡眠，且幽闭的睡房也不适合它们生长。

餐桌、茶几。鲜花插栽，是最佳居室装饰品。只需一个花杯（花瓶），加点清水，每天换水即可。将鲜花放在茶几或餐桌上，能增添温馨气氛，所散发的香味更直接刺激视觉和嗅觉，为家庭增添吉祥气氛。

注意事项：在选择的过程中注意房间的采光条件。要选择那些形态优美，装饰性较强，季节性不明显和容易在室内成活的植物。还要考虑到植物的形态、质感、色彩和品格是否与房间的用途性质相协调、贴切。植物的大小比例的选择要根据室内空间大小来决定。面积较小的起居室、客房等，应配置一些轻盈秀丽、娇小玲珑的植物。如月季和海棠等。面积小的客厅和书房，可选择小型松柏、龟背竹等，使其幽静典雅。

植物日间会呼出氧气，但在夜间却呼出二氧化碳，所以最好不要在睡房放置过多的植物。

> **素语录：蜷缩的睡姿养身**
>
> "站如松、坐如钟、卧如弓"，侧卧，尤其是右侧卧可养肝脏——在睡眠中回归原始姿态，人体彻底放松。

3. 屋顶花园——天空中的花朵

屋顶花园就是在各类建筑物上进行造园，即不与大地土壤连接的花园。北京屋顶绿化协会会长谭天鹰介绍，从广义上讲，屋顶绿化是指在建筑部、构筑物顶部搞种植，不与地面自然土壤直接接触的绿化工作。屋顶绿化不仅涵盖了屋顶上的绿化，还包括阳台、露台以及地下车库、商场等地下建筑物顶部的绿化。屋顶绿化主要分为两个类型：屋顶草坪和屋顶花园。立交桥绿化、城市公共空间绿化和室内特殊空间绿化（酒店、商场、卫生间等角落的绿化），有的是垂直绿化，有的则是室内装饰性绿化。屋顶绿化与垂直绿化都属于城市空间立体绿化。

屋顶花园对于植物种植要求：选择耐旱、抗寒性强的矮灌木和草本植物。由于屋顶花园夏季气温高、风大，冬季则保温性差，因而应选择耐干旱、抗寒性强的植物为主，同时，考虑到屋顶的特殊地理环境和承重的要求，应注意多选择矮小的灌木和草本植物，以利于植物的栽种。屋顶绿化首先从自己做起，从家庭做起，从单位做起，这样城市就会绿起来。只要人人都先让自家的阳台美起来，屋顶绿化的全面施行也就指日可待了。

4. 立体绿化——实现艺术与环境的完美结合。

立体绿化又称垂直绿化、空中绿化，它可以是攀援植物绿化、墙面阳台绿化、门庭绿化、花架棚架绿化、假山栅栏绿化、坡面绿化、屋顶绿化等。发展立体绿化，有助于进一步增加城市绿量，减少热岛效应、减少噪音和有害气体，营造和改善城区生态环境。用立体绿化的植物组合成一幅幅美丽的图案，实现艺术与环境的完美结合。世界各地的许多城市十分重视立体绿化，日本东京在开展屋顶绿化这方面，已走在世界前列。东京已出现不少屋顶小型花园、空中花园等，在吸引不少游客的同时，也造福了东京市民。日本在绿色屋顶建筑中，采用了许多新技术，如采用人工土壤、自动灌水装置，甚至有控制植物高度及根系深度的种植技术。

居室内不宜摆放大盆绿植

花卉不失为装饰居室的佳品，但居室内不宜摆放大盆绿植。由于光合作用，绿色植物在白天吸收二氧化碳，可一到晚上，便会和人抢氧气，并释放二氧化碳等污染物。因此，卧室最好别放大盆植物，如果放的话，也要在晚上搬出，以免供氧不足，引发头晕、呼吸困难等问题。居室内最好选择绿萝、吊兰等体型较小的植物，并不要超过两三盆。

素语录：
林寺武僧养生法宝：早睡早起、吃素、过午不食。

第三节　预防居室"综合征"

1. 电磁辐射污染的危害

电磁辐射污染又称电子雾污染，高压线、变电站、电视台、雷达站、电磁波发射塔和电子仪器、医疗设备、办公自动化设备和微波炉、收音机、电视机以及手机等电器工作时，会产生各种不同频率的电磁波。长期暴露在超过国家规定的安全的辐射剂量下的人体，体内细胞会被杀伤或杀死，导致病变。国内外关于电磁辐射对人体危害的研究已经进行多年，多数学者认为电磁辐射对人体具有潜在危害。中国室内装饰协会室内环境监测中心宋主任说，专家们归纳了电磁辐射6个方面的危害：（1）造成儿童白血病。长期处于高电磁辐射的环境中，会使血液、淋巴液和细胞原生质发生改变；（2）诱发癌症并加速人体的癌细胞增殖。电磁辐射污染会影响人体的循环系统、免疫、生殖和代谢功能，加速人体癌细胞增殖；（3）影响人的生殖系统。男性精子质量降低，孕妇发生自然流产和胎儿畸形增多；（4）导致儿童智力残缺；（5）影响心血管系统。表现为心悸、失眠，部分女性经期紊乱、心动过缓、心搏血量减少、窦性心率不齐、白细胞减少、免疫功能下降；（6）对人们的视觉系统有不良影响。眼睛属于人体对电磁辐射的敏感器官，过高的电磁辐射会造成视力下降，引起白内障；高剂量的电磁辐射还会影响和破坏人体原有的生物电流和生物磁场，使人体内原有的电磁场发生异常。老人、儿童、孕妇属于对电磁辐射的敏感人群，一定要注意远离。

2. 怎样防止室内电磁辐射污染

第一、买合格产品。合格产品的电磁辐射值在国家规定的安全范围以内。第二、保持人体与办公和家用电器的距离，彩电的距离应在 4–5 米，日光灯距离应在 2–3 米，微波炉开启之后离开至少 1 米远；第三、电器不要集中放在一起，更不宜摆放在卧室里，使用时不要同时操作，最好依次操作，操作时，人体与其距离不要靠得太近。彩电与人的距离在 4–5 米，与日光灯管距离 2–3 米，微波炉在开启之后要离开至少 1 米远，孕妇和小孩应尽量远离启动时的微波炉；第四、远离电站、高压线、电视高塔等磁场强烈的地方，不要在这些地方久坐久站。第五、吃新鲜蔬菜水果，常喝绿茶，增强免疫力。第六、对电磁辐射要科学防护。事实上，电磁波也如同大气和水资源一样，只有当人们规划、使用不当时才会造成危害。一定量的辐射对人体是有益的，医疗上的烤电、理疗等方法都是利用适量电磁波来达到治病健身的目的。

3. 怎样预防手机耳塞综合征

手机在接通时，产生的辐射比通话时产生的辐射高 20 倍，尤其是手机的第一声声响，其震动幅度对人脑有较大的危害，故手机的第一声铃声最好远离大脑，用者应避免将其贴近耳朵，这样能减少 80％ 至 90％ 的辐射量。如有条件，最好分离耳机和话筒接听电话。妇女怀孕的头 3 个月，称为妊娠早期，是胚胎组织分化、发育的重要时期，也是最容易受内外环境影响的时期。因此，为了避免胎儿的畸形，母亲在妊娠早期应远离、少使用手机。怀孕初期的妇女，更不应将手机挂在胸前，以减低辐射对体内胎儿的影响。长期使用耳塞机，会引起听力下降。

◆预防处方　戴耳机不要超过1小时，且音量不可过大。不听尖声刺耳、节奏疯狂的音乐，这些音乐与噪声极为相似，对人体的健康有危害。也可常做些耳部的按摩，以改善耳朵的血液循环。一旦发现听力有所减退或经常出现头晕耳鸣，应立即停止使用耳塞。

4. 怎样预防光源综合征

据研究，人在白炽灯光下，时间一长就会造成眼疲劳，且白炽灯光缺乏阳光中的紫外线，使缺钙所致的老年性骨折、婴幼儿佝偻病不断增多。因为日光灯发出的光线带有蓝色和看不见的紫外线。过量的紫外线可能使人患皮肤癌。还有专家认为，荧光灯发出的强烈光波，会导致生物体内大量的细胞遗传变性。灯光的过分使用无形中扰乱了祖先为人们拨好的"生物钟"，造成人体心理节律失调，给身心健康带来影响。

舞厅中的激光，损害人的视力和肌体，导致头晕头痛、神情恍惚、神经衰弱等症。另外，高楼大厦的玻璃幕墙在阳光或灯光的照射下，不但扰乱司机、行人视野，影响交通安全，如果人的视线长时间与它们接触，还容易产生近视、嗜睡、失眠、头痛、心动过速等症状。

◆预防处方（1）尽量在白天利用自然光工作，夜间少用荧光灯。大自然造化了人类，日出而作，日落而息。人类须按"生物钟"节律来调节自己的工作和休息，才是符合"天道"和"人道"。（2）连续工作1个小时左右休息片刻，望一望远处。（3）常做眼保健操，通过按摩刺激消除眼睛的紧张状态。（4）常吃胡萝卜、菠菜、葱等富含维生素的食物。

5. 小心噪音综合征

常常沉迷于卡拉OK，容易引起卡拉OK综合征，表现为声带劳累，黏膜出血、水肿，声带肥厚、息肉等，严重者还会产生咽喉充血堵塞、呼吸和肺功能下降等症状。另外，噪音对视力的损害也不可忽视。当噪音强度在90分贝时，视网膜对光亮的敏感性开始下降；当噪音在95分贝时，2/5的人瞳孔扩大，视物模糊；当噪音达到115分贝时，几乎所有人眼球对光亮的适应都有不同程度的衰减。因此，长时间处于噪音环境中容易发生眼损伤现象。

目前不少城市车辆拥挤，噪音不断。建筑工地上各种建筑机械日夜轰鸣。闹市中的商家以最大的音量播放流行音乐，以招徕顾客。这些噪音往往达70分贝以上，有的甚至达100分贝，而许多城市明文规定，居民区内噪音标准是55分贝以下。

6. 预防写字楼综合征

长期生活在空气污染严重的房间内，轻者会出现皮肤发痒、眼鼻不适、头晕恶心、萎靡嗜睡，重者会引发支气管炎、肺水肿、癌症等。

某公司职员们自进入办公室，就感到头不舒服，而且越到下午，头痛越厉害，但却不知什么原因；后来才发现：复印机在不停地工作，复印机散发刺激性"废气"。当复印机搬出办公室后，职员们的头痛病却好了……

◆预防处方（1）新建或装修写字楼时，选择环境保护建筑装饰材料；新入住的写字楼最好先进行室内空气质量检测；检修和清理中央空调及排风设备。（2）加强通风换气，居室常开门窗，保持空气流通，不要使房间长时间处于封闭状态。（3）做好办公用品的防护，有条件的最好将污染严重的复印机与办公人员隔离。（4）学会自我保护，懂得现代办公设备的安全使用常识。仔细地阅读使用说明书，按上面的注意事项使用和操作。加强身体锻炼，改善膳食结构。（5）不要让身体超负荷工作，在半个工作日的中间，安排15分钟左右的工间操等室外活动。

绿色环保型住宅，五条卫生标准

（1）太阳光充足。太阳光可以杀灭空气中的微生物，提高机体的免疫力。居室日照时间每天在两小时以上为宜。

（2）采自然光线好。一般窗户的有效面积和房间地面面积之比应大于1：15。

（3）室内高度合适。室内净高不得低于2.8米。这个标准是"民用建筑设计定额"规定的。对居住者而言，适宜的净高给人以良好的空间感，净高过低会使人感到压抑。实验表明，当居室净高低于2.55米时，室内二氧化碳浓度较高，对室内空气质量有明显影响。

（4）居室内小气候好。要使居室卫生保持良好的状况，一般要求冬天室温不低于12摄氏度，夏天不高于30摄氏度；室内相对湿度不大于65%；夏天风速不少于0.15米/秒，冬天不大于0.3米/秒。

（5）保持空气清新度。是指居屋内空气中某些有害气体、代谢物质、飘尘和细菌总数不能超过一定的含量，这些有害气体主要有二氧化碳、二氧化硫、氡气、甲醛、挥发性苯等。除上面五条基本标准外，室内卫生标准还包括诸如照明、隔离、防潮、防止射线、、节能、节约资源等方面的要求。总之，与绿色住宅相关的指标："安全、健康、舒适和美观一个都不能少"。

◆美国亚利桑那大学公布一项研究，办公室里的细菌，竟然是马桶的400倍！计算机键盘，每平方吋涵盖的细菌数高达3295个，鼠标1676个，电话，细菌数最高，每平方吋 2 万 5127 个，办公室内平均每平方吋就有 20961 个。手常常是传播病菌或病毒重要的媒介，在办公室里面，手接触最多的大概就是键盘，所以键盘上面的细菌量，有可能是相当的高。因此，保持办公环境的清洁，开窗通风，经常洗手，才能远离细菌病毒，不生病。

第四节　生态环保办公室成为时尚

办公室绿色化并非狭义的在办公室里种几盆花，而是指工作空间有益于环保、健康、美化、高效率。具体内容包括：人际关系的和谐；人均占有空间合理；保持空气清新；尽量用自然光照明；办公用品无公害；水、电和纸品的消耗适度等等。

——人文环境的净化。追求人与自然的和谐，人与人的友善交往交流，它来自于大家脸上的笑容，来自于大家的相互尊重与关爱、默契与认同，来自于大家不竭的创造力与活力。

——具有较强的环保意识。办公室通风不好，人员密度高，氧气含量必然降低。每台电脑都是一个放射源，打印机硒鼓的污染更严重。人的工作效率与工作环境密切相关，低估空气、噪音、放射线污染等隐行杀手的危害势必带来不断降低的工作效率和医疗费用。每天在办公室里生活、工作的人，应具有较强的环保意识。所有的大楼，尤其是宽敞密封型大楼，都或多或少存在着空气质量的问题，以及温度的平衡、光照、通风状况和清洁程度问题。有诸多病例是由电脑、空调、复印机、清洁剂和杀虫剂等引起。解决的方法也不难，如排放陈水，换装新的蓄水池，降低温度。但有时也得花费精力和成本，如检修通风系统、换地毯等。与其花大量的人力和财力来预防，不防来试试一种算不上是最好、却十分管用的方法，那就是：经常敞开你的窗户。为改变局部小气候、参与到植树种草的行列。楼房内外草多了，树多了，太阳光充足，空气好，就能令你心情好、身体好。

人们心目中理想户型："金窝银窝不如自己的土窝"

对于一个三五口之家，理想的户型的使用面积是：120平方米左右的四室一厅，既能团聚、相聚，又有个人独处的隐蔽空间。总体设计是：创建一个安全自然、舒适清静的居室环境。空气流通，防潮保暖，利于采光，没有噪声干扰。室外有绿色植物，室内再植栽些花卉植物，显得高雅。

理想的户型的装饰建材是——木质建材，因木材纤维具有多孔特性，能吸收噪音，也无化学毒素，与人体有天然的亲和力。值得注意的是，现在装修所用的壁纸、壁布、涂料、油漆都会带来一定程度的室内污染。

理想的户型的家具是——竹质和藤木家具。竹质家具冬暖夏凉。由于竹子的天然特性，其吸湿、吸热性能高于其它木材，故在炎热的夏季坐在上面，清凉吸汗；冬天则有温暖感受。竹质家具利于环保，竹子三至四年就可成材，且砍伐后还可再生，对于环境恶化、天然林存量甚低的我国来说，不失为一种优质的替代材料。竹质家具保持了竹子原有的天然纹路，给人一种质朴、古典的感觉。藤木家具轻巧，便于挪动，一张藤木桌或一把藤木椅，一只手便可拎起，即便是双人床，一个人也可以随意挪动，这是其他材质家具难以比拟的。藤木家具的自然风格是休闲生活的象征，它意味着贴近自然，质朴却不失华贵，它所带来的舒适与方便，使人们无拘无束，自由自在。藤木家具用剩的碎料经处理后可作为肥料，不会造成环境污染。

人的一生，大约有一半以上的时间是在居室中度过的，室内环境对人体的作用是长期的，不易在较短时间内显现出来，一些环境因素又常同时综合作用于人体。对于人体是否健康，事业是否有成，有着密切的且又往往不易察觉的重要关系。中国有"金窝银窝不如自己的土窝"的说法，这里重点是"自己的"三字。家是属于自己的空间，一个隐秘的私人环境，一个修身养性的地方，一个养精蓄锐后，再到社会上去干一番事业的地方。怎样安排，如何设计，应视个人的喜好而定。只要舒适、卫生、方便、合理、符合自己的经济条件与审美情趣，便是理想的居家环境，与流行时尚、周围人的看法，没有什么关系。

——上班族有 1/3 的时间是在办公室里度过的，因此有必要自觉、主动地参与办公室绿色化。绿色化也是文明社会的必然产物，例如办公室里禁烟，就是现代交往必须遵守的礼仪。然而一些发展中国家却热衷于办公室自动化。许多办公室装潢华美，设备齐全，其实有碍健康。例如某些涂料，塑料装饰材料会释放致癌物质；电脑、复印机不断消耗空气中有益的负离子，同时散发出臭氧等有害气体；地板蜡、杀虫剂、写字涂改液也产生各种有味、无味的挥发气体，都对健康不利。眼下已有越来越多的西方国家开始重视办公室绿色化。英国制定了关于照明的"阳光法案"，德国建筑法令规定要保证引进新鲜空气，日本则提倡把雨水和经初步净化的再生水用于清洁厕所。

——用平静的心态对待生活，以乐观的情绪看待人生，以积极的态度调适遇到的各种问题，抛掷郁闷、挫折、烦躁、气馁等不佳情绪，代之而来的是安宁、愉快、舒适和顺畅的良好心态，营造并享受其乐融融的美好气氛——即使生活艰苦一点，工作环境差一点，你同样可以感受到真正意义上的环保办公室给予你的是和睦与快乐。

第五节 福建永定土楼楹联——集教化、观赏、审美于一体

福建永定，分布着 2 万多座土楼，土楼分圆形和方形两种。其中有三层以上的大型建筑近 5000 座。这些立面多姿、造型各异、高大雄伟的方圆土楼，以自然村落为单位，错落有致、和谐协调地与蓝天大地、青山绿水融为一体，组合成气势磅礴、壮丽非凡的土楼群体。从建筑特色来看，尤以奇特的圆形土楼最富有客家传统色彩，也最为讲究。古老的大圆楼都楼中有楼，一环套一环，全楼有数百个房间，居住着几百人口。楼内厅堂、仓库、水井、卧室构造奇特的坚固壁垒，可自成防御体系。

客家是汉族中的一支重要民系，族祖是中原人，因战乱和灾害曾有五次较大规模的南迁一部分辗转到了福建，形成客家民系。

永定土楼从古代至解放前，是客家人自卫防御的坚固楼堡，土楼用土石夯筑，不用钢筋水泥，但十分牢固。土楼的大门是用十厘米厚的杂木制成，外钉铁板，有的楼门上还装有防火水槽。圆形土楼一、二层不开窗户，有双层的外层开窗，除用于通风纳光外，也便于狙击入侵之敌。土楼最高层处设有瞭望台，以便了解敌情。土楼除防范外，还有防火、防震、防兽和通风采光等作用。而且冬暖夏凉，是一种特独的建筑。

永定境内的每一座土楼不仅有一个吉祥的楼名，而且都有一副或者几副甚至十几副含意隽永的楹联，集教化、观赏、审美于一体，是永定客家先人留给后人珍贵的文化遗产。

老子"生态智慧"的现代意义

　　俭故能广（见《道德经》67章），因为俭约，所以能够推扩其应用范围。

　　目前，地球上有数以亿万计的人，每天活在饥饿边缘，没有充足的粮食，没有清洁的用水。但是在西方发达国家，却有不少人因为营养过多而患上了富贵病。没有人像天道那样，可以"大公无私"，来从事公平的分配。但是当我们衣食无忧时，只要想一想地球生态与贫困的人，就会肯定老子的建议，养成俭约的习惯，让更多的人可以得到基本的生活条件。我们也许无法直接帮助受苦受难的人，但是俭约的习惯依然会产生可观的成效。由于俭约，我们不会沉迷于物质享受。道家的看法是，人应该由"重外轻内"提升到"重内轻外"，让自己更能主导生活的一切。俭约是这种转变的关键所在。

　　在道家看来，富人至少有"五忧"：一是迷乱之忧，有了钱就享受，享受之后就会迷乱。二是信仰之忧，每天吃了太好的东西，看了太多彩色的东西，玩了太多好玩的东西，最后，不知道活在世界上到底要做什么。三是辛苦之忧，有些人天天绞尽脑汁，甚至于三更半夜都在用尽心思，想赚更多的钱，没有休息时间，活得比穷人更苦。四是攀比之忧，喜欢跟比自己更有钱的人比，焦虑而苦恼，人生无快乐。五是恐惧之忧，钱会不会被偷、被骗、被抢？出门会不会被绑架？

　　美国著名物理学家卡普拉对老子关于自然和谐的思想十分欣赏。他说，在伟大的诸传统中，道家提供了最深刻并且最完善的生态智慧，在自然的循环过程中，个人和社会的活动都应该与自然的要求基本一致。

　　崇尚自然主义的道家思想代表了"从来不把人和自然分开"的古老传统。这种传统虽然同儒家思想一样都主张"天人合一"，但不同的是，它并不认为人有什么特别的不同，从来不主张对自然界"物畜而制之"，而是把人看做是自然界的一部分，强调人与自然的和谐相处。道家这种古老的"生态智慧"，在当代具有重要的参考价值。

　　永定客家土楼楹联内容十分丰富：（1）心存忠孝，齐家报国。如，抚市永豪楼的"读圣贤书立修齐志，行仁义事存忠孝心"、湖坑日应楼的"日读古人书志在希贤希圣，应付天下事心存爱国爱民"等。（2）缅怀祖德，纪念先贤。如，大溪巫屋先甲楼的"先贤宗圣道，甲第义王家"、下洋中川翰英楼的"翰林显甲第，英伦造世家"等，昭示着先祖曾经拥有的显赫和绵长的恩泽。（3）勤耕苦读，克勤克俭。如，湖坑裕兴楼的"裕后勤和俭，兴家读与耕"、高头德兴楼的"德门仁里忠和孝，兴家立业读与耕"等。（4）修身养性，行善积德。如古竹居源楼的"居安由德种，源本在修身"、南溪衍香楼的"积德多蕃衍，藏书发古香"等。（5）宣扬家训，规范言行。如，龙潭永盛楼的"世间财，求之难用之易，当勤当俭；天下事，是可行非可耻，宜省宜思"、大溪塘背祝元楼的"祝振家声，孝悌恭廉成世训；元基创业，光前裕后起鸿图"等。（6）写景抒情，赞美家园。如，湖坑振福楼的"凤起丹山秀，蛟腾碧水环"，生动描绘了以振福楼为中心构成的秀美而幽静的乡间山水田园风景图。西陂凤池楼的"凤立丹山鸣晓日，池翻绿水涌清波"、湖坑松竹楼的"松林晚月晨光动，林外梅花瑞雪飘"等。

　　土楼人的家训中（如大门和厅堂的对联）经常出现含有"耕田、读书"的词句。如林则徐手书赠送其永定湖坑朋友的一副对联，是"第一等人，忠臣孝子；祇两件事，耕田读书"。（已经制成木雕板，至今犹存）。他们认为，耕田可以求得温饱，能保本；读书可以取功名，求上进。这样，进可攻退可守。可以稳中求进。此种观念可以作为人生道路的座右铭。

第四章 素行——绿色出行 返璞归真

素行之悟

老子生活在春秋时期，曾在东周国都洛邑（今河南洛阳）任守藏史（相当于国家图书馆馆长）。在先秦诸子中，老子思想宏远精深，富于哲学内涵，孔子周游列国时曾到洛阳向老子问礼。史载。孔子曾"问礼于聃"，老子把孔子教育了一顿，孔子称老子为"乘风云而上天"的龙，感叹道："朝闻道，夕死可矣。"这大概也就有了"老子天下第一"之说。

老子又名老聃，相传他一生下来就是白眉毛白胡子，所以被称为老子；老子晚年乘青牛西去，并在函谷关（位于今河南灵宝）前写成了五千言的《道德经》（又名《老子》），最后不知所终。《道德经》与古希腊哲学一起构成了人类哲学的两座高峰，老子也因其深邃的哲学思想而被尊为"中国哲学之父"。老子的思想被庄子所传承，并与儒家和后来的佛家思想一起构成了中国传统思想文化的内核。道教出现后，老子被尊为"太上老君"；从《列仙传》开始，老子就被尊为神仙。从汉代起，历代帝王就开始到河南鹿邑去祭拜老子。

老子骑青牛，其"行"的行为，让笔者想到的是："牛背白发公，单际涵谷路。紫气从东来，流淌向西去。欲授五千言，有德方能遇。"

第一节　怎样做到绿色出行

1. 绿色交通

　　绿色交通广义上是指采用低污染，适合都市环境的运输工具，来完成社会经济活动的一种交通概念。狭义指为节省建设维护费用而建立起来的低污染，有利于城市环境多元化的协和交通运输系统。从交通方式来看，绿色交通体系包括步行交通、自行车交通、常规公共交通和轨道交通。从交通工具上看，绿色交通工具包括各种低污染车辆，如双能源汽车、天然气汽车、电动汽车、氢气动力车、太阳能汽车等；还包括各种电气化交通工具，如无轨电车、有轨电车、轻轨、地铁等。

　　绿色交通强调的是城市交通的"绿色性"，即减轻交通拥挤,减少环境污染，以最少的社会成本实现最大的交通效率，以满足人们的外出需求。绿色交通理念是三个方面的统一结合，即通达、有序；安全、舒适；低能耗、低污染。

2. 绿色出行

　　汽车工业的发展为人类带来了快捷和方便，但同时，汽车的发展也引起了能源消耗和空气污染。在经济较为发达的北京、上海、广州等大城市机动车排放的一氧化碳、碳氢化合物、氮氧化物，已成为这些城市空气污染的第一大污染源。污染损害了人体健康又转化为经济负担。如何更多地享受汽车带来的好处，避免汽车带来的弊端？需要"绿色出行"！

一辆公共汽车约占用3辆小汽车的道路空间，而高峰期的运载能力是小汽车的数十倍。它既减少了人均乘车排污率，也提高了城市效率。而地铁的运客量是公交车的7-10倍，耗能和污染更低。

节约能源、提高能效、减少污染、有益健康、兼顾效率的出行方式，称之为绿色出行。乘坐公共汽车、地铁等公共交通工具，合作乘车或者步行、骑自行车……努力降低自己出行中的能耗和污染，这就是"我的绿色出行"。

何为现代交通观念？那就是车辆行人要各行其道。在发生车祸的直接原因中，95％属于人为的因素，因此对所有道路使用者（司机、乘客、行人）进行交通安全教育，力争做到人人遵守交通规则，司机要严格执行司机守则，这对减少交通事故及其所致的伤亡，具有极重要的作用。

现代文明的交通行为是——汽车在道路上飞驰，没有任何其它车辆和行人横穿马路，驾驶员尽可放心大胆地开车，不必担心会有行人进入马路。而在划有人行横道线的地方，汽车嘎然而止，让行人优先通过；一切都那样秩序、和谐、有条不紊。在外旅行者，小心车辆，学会绕行与让行。

改改随地吐痰、吐口香糖、随意抛弃废物不文明的行为

改改随地吐痰的坏毛病。（1）认识到随地吐痰是不文明的陋习，是没有教养的表现。（2）在马路（公共场所）上吐痰，不仅是对环卫工人劳动的不尊重，也是对所有行走于此的人不尊重。为此要将痰吐在盆盂里、或洗手间的便池、水池里，并用水冲洗掉。（3）如无上述条件，可将痰吐在随身的手纸上，然后扔在垃圾箱里。在公众场所随地吐口香糖、吐痰、随意抛弃废物等一些不文明行为，实际上违背了基本的社会公德。

根除随地吐痰的陋习，说难也不难，说不难也挺难，因为"习惯者，

乃在长时间里逐渐养成的、一时不容易改变的行为、倾向或社会风尚"。关键在于从国家到公民有没有决心、信心和机制，培养、塑造一种文明、健康的行为习惯和社会风尚。社会是个人的集合体，有什么样的个人行为方式、什么样的人与人之间的相处方式，就会有什么样的社会道德、社会文明。

广告纸、塑料袋、卫生纸随手扔在路上。随着节日里人流、车流的猛然增多，各类交通参与者的不文明行为也在增加，例如大客车随意上下客、车辆乱停放、行人乱穿马路等时常发生。

改改随地吐口香糖的坏毛病2002年9月到10月，北京市政环卫部门投入近两千多人次，干了将近一个月，才把天安门广场上60多万块口香糖清理完毕。有的地方一平方米就有5块。

随地吐口香糖、吐痰、随意抛弃废物，看起来是一件小事，但更深层次说明公民道德素质还需要提高。

吃口香糖并不是什么坏事，但吃完以后不要吐地下，要吐在纸里，搁在兜里带走。把嚼过的口香糖用纸包好扔进垃圾箱。来自伦敦的小伙子苏尼克对有关部门能够主动清除天安门广场上的口香糖非常赞赏，他说，在伦敦很多地方，口香糖密度比这里要多得多，也没有什么更好的办法解决。而从德国来的苏珊则告诉记者，在德国随地吐口香糖要被处以30美元的罚款。

3. "无车日"

1998年9月22日，法国一些年轻人最先提出"在城市里没有我的车"的口号，希望平日被汽车充斥的城市能获得片刻的宁静。法国绿党领导人、时任法国国土整治和环境部长的多米尼克·瓦内夫人提议开展一项"今天我在城里不开车"活动，得到了首都巴黎和其它34个外省城市的响应。在当年的 9 月 22 日，法国 35 个城市的市民自愿弃用私家车，使这一天成为"市内无汽车日"。在 9 月 22 日这一天，有些城镇限制汽车进入，只允许公共交通、无污染交通工具、自行车和行人进城。这个让城市得到片刻喘息的活动很快席卷了整个欧洲。2000 年 2 月，欧盟委员会及欧盟的 9 个成员国确定 9 月 22 日为"无车日"。截至 2010 年，全世界已有 37 个国家 1500 个城镇参与其中。2007 年 9 月 22 日，中国迎来第一个"无车日"，活动主题为"绿色交通与健康"。

"首都无车日"。为树立绿色北京的形象，建议将每月第一个星期的星期六定为"首都无车日"。2000 年，欧洲有 800 个城市实行了无车日活动；我国成都市也率先施行无车日。北京作为首善之区，应顺应环保潮流，实行无车日活动。所谓"无车日"并非禁止一切车辆，而是禁止除公交车、出租车、特种车以外的机动车；它换来的是生活的温馨、空气的清洁和城市的安宁。凡中外施行过"无车日"的城市都体会到，在"无车日"，大家的出行更便利。

第二节　旅游——有格调的休闲，快乐地游玩

　　乡土芬芳、乡音悠扬、乡景是画、乡情如梦——乡村休闲、享受人生。南朝的陶宏景的山水小品《答谢中书》，仅以60余字叙述了乡土胜景："山川之美，古今共谈，高峰入云，浅流见底。两岸石壁，五色交辉；青林翠竹，四时俱备。晓雾将歇，猿鸟乱鸣；夕日欲颓，沉鳞竞跃。实是欲界之仙都。自康乐以来，未复有能与其奇者。"这是一幅五彩纷呈、生机盎然的山水艺术画卷。这令人神往的山水胜景，在我国许多地方的乡村休闲经济中，得到了再现。"进农家院、吃农家饭、干农家活、住农家房、享农家乐"已受到了人们的欢迎。

　　上车睡觉，下车拍照，对着镜头笑一笑，随着对旅游品质要求的提高，游客已不再满足于这种身心俱疲的观光。山光悦鸟性、潭影空人心——山光使野鸟怡然自得，潭影使人们心中的杂念消除净尽。当我们倾听林涛松语、淙淙溪流时，我们似乎感受到了大自然的整体和谐；当我们与莺歌燕舞、虫鸣蛙叫为伴时，我们感受到了生命的多样性。自由自在的漫游之乐，心之向往，人类的天性使然。在西方，"休闲"可以追溯到古希腊的亚里士多德，他认为"数学所以先兴于埃及，就因为那里的僧侣阶级特许有闲暇。"并把休闲誉为"哲学、艺术和科学诞生的基本条件之一"。古希腊的谚语说："我们忙碌是为了有休闲。"在我国，几千年来记录休闲文化的内容十分丰富。传统文化中，诗词歌赋、琴棋书画，可以说是休闲文化的产物。从《诗经》、《楚辞》、汉赋、唐诗、宋词、元曲，到曹雪芹的《红楼梦》，都不乏探求闲情逸致的文字。

1993年于光远先生提出："休闲产业的诞生符合我们这个时代的发展规律。玩是人的根本需要之一：要有玩的文化，要研究玩的学术，要掌握玩的技术，要发展玩的艺术。"在他倡议下，1995年成立了北京六合休闲文化策划中心，成为我国最早从文化角度研究休闲的学术机构。1996年，全国人大常委会副委员长成思危提议建立休闲文化产业。他曾说，休闲作为一个新的经济增长点很重要，将推动休闲产业的形成与发展，并成为我国经济发展的新课题和拉动内需的新机遇。

现在，我国公民每年有一百多个假日，1/3的时间都在休假；而交通道路及交通工具的便捷化，为旅游提供了有利条件，越来越多的中国公民开始回归自然、低碳旅游，享受文化生活。

1. 正在兴起的"休闲城市"与"休闲乡村"

2004年是我国进入人均GDP超过1000美元的第一年。从国外的经验看，人均GDP过1000美元，社会消费结构将向发展型、享受型升级。《小康》杂志于2006年1月和2007年1月，连续两年，向社会发布"中国休闲小康指数"。新华社为此报道，认为"休闲小康指数标志着中国进入休闲元年"，休闲已悄悄走入了大众的视野和生活。

工业社会使人们离开家庭和田野，在工厂形成了标准化和机械化的劳作方式。现在的知识经济时代，"工厂"和"家庭"之间的划分正在消失。家庭办公、外出休闲正在成为都市生活新时尚。专家预测，随着以网络信息技术为特征的知识经济的加速来临，世界发达国家将进入"休闲时代"。"一个以休闲为基础的新社会有可能出现"，休闲、娱乐、旅游将成为下一个经济大潮。休闲服务的重心将从大众化、社会化服务转向个性化、家庭化服务。

我国已融入整个国际休闲文化的背景中。我国文化市场与文化产业调研专家组的陈元平教授和张国洪教授认为，城市休闲产业的市场目标群体主要包括精英休闲者和大众休闲者两大类。精英休闲者包括三个群体：一是被称为金领的高层商务人士和外籍商务或公务人士；二是被称为银领和灰领的处于"中产阶层"的产业投资者、中层商务人士和自由职业人士；三是被称为白领和"新新人类"的时尚青年，这一群体热衷休闲生活的激情创意。总体而言，银领和灰领是休闲市场中最主要的价值群体，时尚青年则代表了休闲市场的未来市场主流。大众休闲者包括旅游者、游览者，由于对日常生活空间和质量的不满足，对休闲生活的向往，使他们乐于观览、感受和尝试休闲生活，大众休闲者将成为休闲市场中最庞大的群体。随着世界步入休闲时代，休闲产业应运而生。这为农村的休闲产业开辟了更广阔的发展空间。

休闲旅游活动离不开优美的自然环境，发展休闲旅游使人们有更多的机会体验休闲所带来的精神快乐与安逸。"人闲桂花落，夜静春山空。月出惊山鸟，时鸣春涧中"——诗人王维的《鸟鸣涧》道的是：在寂无人声人迹处，花开花落无声无息；夜阑人静的鸟鸣，更表现了山林的幽静。"田夫荷锄至，相见语依依。即此羡闲逸，怅然歌式微"——诗人羡慕农家的安闲生活，有归耕之意。人们参加乡村休闲活动，实际上就是体验乡村美丽的风景、宁静的环境、清新的空气、淳朴的生活。

空闲是一种时间观念，休闲是一种生活方式。在市场竞争中，许多人往往大脑茫然无序、内心空虚失落，有钱的人不会玩，没钱的人玩不好。然而缓解生活重负、消除诸般烦恼，却是所有的人共同追求的生活境界。

目前在我国休闲大致可以分为两类，一类叫做积极休闲，包括旅游、度假、看书、旅行、体育活动等等。休闲主旨在于促进身心发展。我们倡导积极休闲，倡导科学健康的休闲观。另一类叫做消极休闲，即睡懒觉、无事闲呆、酗酒赌博、打麻将等，这是目前为数不少人的休闲方式。一些地方的人受限于教育水平，可选择的休闲方式少，生活单调。在时间的利用质量，有效地开发个人精神生活方面，相对来说不足，可以说缺少休闲文化。

发展乡村休闲经济，内涵在文化。乡村休闲活动需要文化的支撑，民俗文化的包装，餐饮文化的开发等等。在充分利用和开发农村休闲资源的同时，要积极主动对生态环境、文物古迹、民族民俗文化等进行科学保护。使游客在优美环境和悠久文化的熏陶和感悟下，更多地了解自然，呵护生态，实现消费者的自我教育和文化资源的可持续利用。建立休闲教育和休闲职业培训机构，鼓励有条件的高校和中等职业学校开设文化休闲专业、休闲心理与行为学等课程，为乡村休闲经济培养人才。

"休闲"二字看似简单，其实不然，内中有意味深长的含意。所谓"休闲文化"一要有休闲，二要有文化，二者缺一不可。发展乡村休闲经济，必须以文化作为灵魂。给灵魂按摩、令身心舒畅、让神志愉悦、使思维通达。满足或者说正确引导大众进入健康的而不是低级趣味的"休闲文化"，将任重而道远。

有教养人的十种文明行为

有教养人的十种文明行为：（1）遵守诺言，以诚取信。说到做到，即使遇到困难也不食言。（2）言谈和举止谦逊沉稳，同时有自己的主见。不同别人抢辩，不同别人粗鲁地争吵。（3）在同别人谈话的时候，友善地看着对方的眼睛。（4）充满自信心，同时又谦虚谨慎，不做任何夸耀自己和压制别人的事。即使不同意别人的观点，也不武断地压制他人，而是陈述己见，说明不同意的理由。（5）平等待人。与人交往时，不傲慢自负，不吹虚炫耀，不表现自己的优越感。（6）不探听别人的隐私，不干预别人的私事；在大庭广众面前，不参与恶语相加的混战。（7）守时遵规。开会、赴约、作客不迟到。（8）对女士、老人彬彬有礼。不随意贬低或吹捧他人，不打听、不议论他人的私生活。（9）善于分清主次，权衡利弊，不会因为一点小冲突而发火，而闹得关系紧张。（10）在别人遇到不幸时，尽力给予同情与帮助。

善良使人健康当人们愤怒时，肾上腺素分泌加强，呼吸和心跳速度加快，肌肉紧张，这些都明显有损心脏健康。建议做到以下几点：（1）

让你最亲近的人配合你一起制怒。改变自己的脾气要从现在做起。（2）经常站在别人的位置上去理解他的行为举止。（3）要善于自我解嘲，多点幽默感。（4）生活中要真诚待人。（5）被误解时不要痛斥他人，让事实说话。（6）不怨天尤人，遗忘曾经伤害你的事。

人们应该有颗宽厚的心，善良的心，而善良的心将使你在世上活得更健康更长寿。

素语录：像斐济人那样放松

戴着花环弹吉它，像斐济人那样放松——传播旅行的快乐，在行走之中让心灵成长。

2. 除了脚印、什么也别留下；除了照片、什么也别带回

2012 年中秋国庆假期，人们在高速路上饱受"堵害"，乱丢垃圾、违行违停救援通道等不文明行为经常发生。网友"@洄爷"认为："当有第一人扔下纸，就会有第二人，当地上有了许多纸，人们便失去羞耻心。"网友"消失的地平线 lh"认为："有的司机丢掉的不是纸，是人品。"有网友认为，高速路堵车，车上乘客如果遭遇"三急"，哪怕随地大小便也情有可原，但无论如何是一种极不文明的行为，因此建议在高速路上建立简易的厕所。建议大家，出行前先准备足量的垃圾袋解决乱扔垃圾的问题，另外可以准备一个小桶，套上一个干净的塑料袋，就可以暂时解决小便的问题。

一个有教养的旅游者，在外出归来时——除了脚印、什么也别留下；除了照片、什么也别带回！是的，要想玩得开心，就要保护生态环境。

美国自从 1870 年第一个国家公园（黄石公园）创立以来，至今已有 337 处国家公园。公园种类多样，自由女神纪念地以及广阔的阿拉斯加公园都包括在内。200 年来，美国的一个个公园就像一个个孤岛般，被包围在喧嚣的工

业社会中，印地安人的逐走，肉食动物的消灭和外来动植物种群的引进，使最原始的国家公园失去了生态平衡。而生态系统一旦遭到破坏，就很难再恢复原貌。美国人从这个不幸的历史中吸取的教训是：如果要使某地方维持原始的状态，就必须绝对防止人为地干扰，甚至禁止人们进入这一地区。为此，美国政府实施了严格的保护措施。自然保护区内，一般不开展旅游，一草一木都不许动。开展旅游的地方只限于国家公园。国家公园也有明确的保护措施。在公园门口，立下醒目的标语牌——"进去，只许留下脚印；出来，只许带走照片。"自美国建立黄石公园后，许多国家纷纷仿效，以实现人与分环境的和谐相处。1994 年，瑞典国会在首都建立了城市国家公园，该公园面积为30 平方公里，不仅有森林、草地和群落生境，而且有博物馆、文化古迹和体育场。"保护、保存和展示"是城市国家公园遵循的格言。

让动物穿跃高速公路

高速公路犹如一堵长长的墙，将动物的活动范围人为地割裂开来，从而加速了野生动物的灭亡。高速公路给生态系统带来的问题，已在西方国家引起广泛关注。一些国家正在积极采取措施，试图将损害减少到最低程度。

法国在高速公路上建造"动物通道"。这样，当野猪、狍子、鹿和羚羊等野生动物想横穿公路时，就不会有任何的危险。但由于鹿科动物胆子比较小，不敢轻易前进，人们往往还需要在"通道"上撒下动物粪便，以便引导它们放心地通过。为使蟾蜍、青蛙、刺猬、法螺、蝾螈和乌龟等动物能够自由地往来于高速公路两侧，可以分段在高速公路下建造涵洞，然后再将它与两边的排水沟相连。当这些可爱的小动物掉到排水沟后，就可借助于涵洞安全进入公路的另一边；此外，在路边的"绿色长廊"上筑设鸟巢和孵笼，可促成百鸟飞翔，再现往日的生机。

德国制定了保护动物的交通法规。为了方便鹿和青蛙等动物穿跃高速公路，有些地区专门在高速公路下挖掘了大大小小的隧道。每年的三、四月间是青蛙的产卵季节，在德国波恩市内的一个街区，汽车连续停运了一个多月，街道禁止通行，甚至连人行道也不得行走。动物学家解释说："青蛙的产卵期有四个星期，耐心等待吧。"

保护环境和动植物，实际上也是保护人类自己。懂得爱护"兽"，才会尊重人。当这个地球上只剩下一种动物，也就是人的时候，这个世界也就寂寞了许多。人们不再有大自然的朋友，不再有天下一家的乐趣。如今，发达国家的人们已经感受到这样的寂寞，他们开始重视动物保护，重视维护动物们的"兽权"——就像捍卫人权一样。某一狗主人因为小狗闯了祸，一怒之下将它绑在树林里，7天7夜不给吃喝，以至于小狗虚脱，生命垂危，该主人因此受到了关禁闭的处分。博爱博爱，只有爱心播撒到动物的身上，才算得上名副其实。

一个懂得尊重"兽权"的民族，才会真正尊重人权。我们已经有了各种各样的动物保护条例，有了各种各样的抢救飞禽走兽的措施，这自然很好。但是，这似乎是仅仅对动物贵族的宠爱，而对生活在我们日常生活周围的动物平民——流浪的小猫小狗们，我们太不把他们当回事了，太不在乎它们的生命了。

让我们的独生子女们从懂事的一刻起就知道，小动物们是他们人生的可爱伙伴，是他们天生的弟弟妹妹。一个对小猫小狗有爱心的孩子，才有可能成长为一个天性善良的大人，才有希望成为一个尊重人权的好公民。天地万物，互养共荣，自然生态，贵在平衡。

素语录：让我们从珍爱生命开始吧！

"千百年来碗里羹，冤深似海恨难平。欲知世上刀兵劫，但闻屠夫夜半声"。——让我们从珍爱生命开始吧！

第三节　骑自行车——延庆人快乐的素生活

北京市远郊延庆县三面环山一面临水，气候独特，冬冷夏凉，有着北京"夏都"之美誉。延庆县生态涵养发展区总面积 2000 平方公里，旅游景点众多，城乡公路四通八达，自然生态环境及地势地貌、公路的坡度、弯度等综合条件十分合适自行车骑行运动。

延庆县自行车协会成立于 2007 年 11 月 3 日，截止到 2013 年 6 月，在册会员 350 余位，分 10 个分队；下属 3 个分会，总计会员 500 余人。协会自成立以来，遵循延庆生态优先战略，通过"环保健身、低碳出行"的作法，组织开展了丰富多彩的骑游骑行公益活动。

2007 年 11 月 23 日，在延庆滨河北路举行了自行车协会成立后的第一次比赛：环妫河生态走廊友谊赛。从延庆县城的日上市场南门往东出发——到北老君堂的井庄路，年轻骑行组继续往东到小庄科，拐到妫河南路，再往西到陈家营村西交叉路口结束。这标志着："生态延庆，骑乐无穷，休闲健身，绿色出行"迈出了第一步。

延庆县对打造中国自行车骑游第一大县做了充足的准备，推出了八大骑游区域，即千家店百里山川画廊区域、大庄科区域、古龙路区域、妫河生态走廊区域、龙庆峡周边区域、石峡区域、四海珍珠泉区域、香龙路区域。印制了骑游路线图，购置了 2000 多辆自行车，放置在全县 30 多个自行车租赁点。市民们在骑游其间，既可饱览青山秀水，又可体验民俗风情。

2011 年 6 月 18 日在延庆县城妫川广场，举办了首届北京国际自行车骑游大会。吸引了英国、法国、德国等 10 多个国家和地区以及河北、山西、内蒙古、天津等 20 多个省市区的 5000 余名自行车骑游高手。2011 年 9 月，延庆再次成功举办了"北京妫川自行车骑游大会暨延庆自行车骑游活动"，向着"打造中国自行车骑游第一大县"的目标迈出了坚实的一步。延庆自行车协会以骑为荣，发挥引领作用，为全县的自行车骑游活动办了三件事。第一件是：确定延庆县自行车骑行日；第二件是：建设自行车主题公园；第三件是：建了多处永久性自行车骑行雕塑。

中国人口多、土地少，若建立一套如美国那样以汽车特别是私车为中心的交通体系的话，给多数人带来的只能是不便。提倡使用自行车和公共交通系统——在限制轿车生产的同时，加速扩大自行车的生产大有好处。延庆自行车协会会长杨长记说，自行车因其健身、休闲、环保等优势，是一种物美价廉的交通工具，特别是当距离不是很远，或时间不是很紧的情况下，步行或自行车除有利于环保外，更有利于身心健康。三公里内步行、五公里骑自行车、十公里乘公共汽车。低碳、时尚、健康的绿色生活，我们何乐而不为呢？

自行车是能源转化效率高的一种交通工具。据测算，骑自行车 100 公里，可以节油 9 公升，相应减少二氧化碳排放量 20.7 千克，对保护环境有利。从自身的角度看，可以舒筋活络、强身健体，有效地锻炼大脑和四肢的协调能力，减缓衰老、延年益寿。延庆自行车协会的女子自行车分队的队长李自平说："有人说女同志多的地方事儿也多。可我们女子队近 30 人，自从成立以来从来没有闹过别扭，我们是最团结的队伍。队里每个人的家庭情况都不一样，比如有一个同伴的丈夫刚去世，我就经常和她沟通，大家都叫她出来一起出行。我们队伍中最大的 68 岁，最小的也有 50 多岁了，都是当姥姥、奶奶的人了，可是只要一通知，没人迟到。"

目前，全世界都认识到了"动起来"的重要性。延庆自行车协会副会长刘连山现在每天坚持骑车健身，他说："如今我们协会季季有活动，月月有行动，周周有计划，天天有骑行。最远的有骑车到海南和西藏的，队中年龄最大的是 82 岁，最小的 20 多岁。"刘连山和他的会友李瑞生、徐兰凤等人不但在延庆骑行，还分别到海南、青海、山西、内蒙、河北等地自费长途骑游。

男士骑自行车注意事项

为预防前列腺增生等疾病，男士骑自行车半小时后，最好下车走一走，或蹲一蹲。预防前列腺增生保健操：双手按压腹部，揉腹三五十下，然后往上提腹几下。每天早晚做几次（入睡前，或起床时做若干次，均有效果）。

第四节 运动好比灵芝草，何必苦把仙方找

1. 常坐之人——需要适度的运动身体

生命在于适量科学的运动。法国著名医师蒂索指出："运动就其作用来说，几乎可以代替任何药物，但世界上的一切药品并不能代替运动的作用。"运动可以改善人体的代谢过程及生理功能，运动可促进人体血液循环，增加血细胞的数量和功能，提高人体的免疫及抗炎能力。因此，要想长寿，谁也离不开运动。"流水不腐，户枢不蠹"这一朴素的哲理，应该成为人们的养生警钟。

运动能有效治疗三大疾病（肥胖症、心血管疾病和糖尿病），许多人患病一个重要原因是缺乏运动，现在说保健品可以减肥，实际上不如体育锻炼起到的效果好。比如糖尿病，运动完全可以减少糖尿病人胰岛素的用量，降低血糖浓度，运动是治疗糖尿病的首选方式。另外如冠心病，现在科研证据表明，通过适当强度的运动，可以使动脉内沉积的斑块消失，血流通畅，从而不会发生动脉梗塞等一些疾病。卫生部有关人士对全民健身计划提出了四点建议：一是晨起一杯凉开水，可以帮助稀释血液，因为血液一般早晨粘稠度很高，可能引发许多疾病；二是给自己设计一种适合自己特点的运动方式；三是运动须坚持，只有坚持才能取得成效；四是每天运动 30 分钟，这是最少的推荐量。

每天 30 分钟中等强度的体力劳动是预防疾病的最小运动量。你活动的时

间可适当延长，身体就会越健康。

经常体育运动的人显得年轻。为什么经常体育运动的人显得年轻？因为运动可以加快血液循环，为身体各器官提供充足的营养。人寿命的长短，在一定程度上取决于心脏功能的强弱，肺活量的高低。适量运动的人心脏功能较强，肺活量高，能把身体的老化现象降低到最低程度。运动时流的汗还有助于身体排出废物，使皮肤得到净化，人的肌肉变得有张力，肠道可以吸收更多营养，排毒功能加强，使身体进入良性循环。反之，久坐而不注意运动，使身体对心脏工作量的需求减少，可能导致心肌衰弱；由于直肠肛管静脉回流受阻，易使血液淤积，静脉扩张，发生痔疮；且由于肌肉功能锻炼少，致使肌肉松弛，引起肌肉僵硬、酸痛，甚至萎缩。

所以经常静坐的人，应进行一些运动。连续工作 1 小时以上者，最好停下手中工作稍事活动，做一些伸展及转头、转体运动，避免因长期固定于一种姿势而引起腰痛。在工作之余，应适当参加羽毛球、乒乓球、骑自行车等体育锻炼，增加背伸肌的力量。太极、舞蹈、瑜伽、仰卧起坐都是很好的锻炼方法，慢跑快走、游泳更是全身运动的好方式。

有人会问：什么样的运动最好？事实上，适合自己的是最好的，不论是舒缓的或是剧烈的，在自身承受范围内，能令人愉快的运动都是好的。那些你做起来很吃力、很勉强的是不适合你的，能达到微微出汗的程度是理想的。

劳逸适度的保健作用。人们在生活中，须有劳有逸，既不能过劳，也不能过逸。劳逸适度对人体保健起着重要作用。"养生之道，常欲小劳，但莫疲及强所不能堪耳"（孙思邈《备急千金要方道林养性》），古人主张劳逸"中和"，有常有节。

调节气血运行。在人生过程中，绝对的"静"或相对的"动"是不可取的，只有动静结合，劳逸适度，才能有益于人体健康。经常合理的从事一些体力劳动有利于活动筋骨，通畅气血，增强毅力，强健体魄，保持生命的活力。

脑力劳动与体力活动相结合。脑力劳动偏重于静，体力活动偏重于动。动以养形，静以养神，体脑结合，则动静兼修，形神共养。如脑力劳动者，可进行一些体育锻炼，使机体各部位得到充分有效的运动。如有条件可从事美化庭院活动，在庭院内种植一些花草树木，并可结合场景吟诗作画，陶冶情趣，有利于身心健康。

家务劳动秩序化。家务劳动主要包括清扫、洗晒、烹任、缝补等，只要安排得当，则能够杂而不乱，既锻炼了身体，又增添了精神享受。反之，若家务劳动没有秩序，杂乱无章则形劳神疲，甚至造成早衰折寿。

休息多样化。休息可分为静式休息和动式休息，静式休息主要是指睡眠，动式休息主要是指活动，可根据不同爱好自行选择不同形式。如听相声音乐、聊天、看戏、下棋、散步、观景、钓鱼、赋诗作画、打太极拳等。总之，动静结合，寓静于动，既达到休息目的，又起到娱乐效果，不仅使人体消除疲劳，还使生活充满情趣。

> **素语录：冷水洗脸有助于抗感冒**
>
> 从秋季开始用冷水洗脸，并在以后的日子里坚持下来，能增强人体的防寒功能。从孩童开始培养用冷水洗脸的习惯，可尽快适应外界的能力。

2. 体育运动——预防高科技病

预防电脑眼病　[病因]盯了一天电脑屏幕、下班后不停地抱怨眼睛酸痛，视觉模糊，视力下降及眼睛干涩、发痒、灼热、疼痛和畏光等，还有的人伴有头痛和关节痛等症状。

[防范办法] 在电脑前工作 1 到 2 个小时后，休息 1 刻钟，做眼保操或极目远望。平时注意身体锻炼。

预防颈、肩、腕综合征　长期在电脑前工作，感觉颈、肩部酸痛，脖子忽然不能转动；手指和手掌断断续续发麻、刺痛；手掌、手腕或前臂时有胀痛的感觉，晚上尤其严重；拇指伸展不自如，且有疼痛感，严重时手指和手部都虚弱无力。

［病因］鼠标面积小、弧度不大，会造成手腕不自然的使用姿势；有的鼠标需要使用者手腕弯曲来"迁就"它，长期使用就会对肌肉、骨骼造成不同程度的损伤；有的鼠标很容易在滚珠上积聚灰尘，使用时需用力来回拖动……久而久之，造成手腕酸痛。偏高的电脑桌加重了操作者颈部、肩部的疲劳，给频繁运动的手臂、手腕带来压力。

［防范办法］在购买鼠标时，应选用弧度高、接触面宽的。使用鼠标时应保持正确的姿势：手臂尽量不要悬空，以减轻手腕的压力；上臂和前臂的夹角呈９０度左右；手腕保持自然姿势，不要弯曲；靠臂力来移动鼠标而不要用腕力。

电脑桌上的键盘和鼠标的高度，最好低于采取坐姿时肘部的高度，与肘部等高较合适，这样才能最大限度地降低操作电脑时对腰背、颈部肌肉和手肌腱鞘等部位的损伤。

预防胸闷头疼　［病因］电脑、复印机在不停地工作，正是它们产生的废气引发胸闷头疼，浑身不舒服，做事打不起精神来。办公室的通风不良也是重要的原因。

［防范办法］经常和复印机打交道的人，要注意把复印机置放在通风较好的房间，必要时还应安装排风扇或通气道，每次操作完毕后，应认真清洗手上的油污。注意室内通风透气，在饮食上宜多补充蛋白质、维生素和磷脂类食品，以增加抗辐射能力；还应每隔一两个小时到室外散散步。

怀孕早期请远离手机与电脑　电磁辐射对妇女、儿童的影响较大，尤其是孕妇如出现新生儿畸形、白血病增多等。曾有报道两位孕妇长期接触屏幕，结果双双产下畸胎，她们既无家庭病史，孕期又没感染病毒及使用药物，怀疑与电脑屏幕电磁辐射有关。电脑屏幕工作环境中有些因素可能会影响妊娠结果。最新研究报告指出，怀孕早期的妇女，每周使用 20 小时以上计算机，其流产率增加 80%，同时也增加畸形胎儿的出生率。因此，妇女怀孕早期还是尽可能远离手机与电脑为好。

预防信息焦虑综合征、工作场所抑郁症　[病因]突发性地出现恶心、呕吐、焦躁、神经衰弱、精神疲惫等症状。女性还会并发停经、闭经和痛经等妇科疾病。眼下的时代信息量呈几何级数增长，但人类的思维模式还没有调整到可以接收如此大量的信息，因此，造成一系列的自我强迫和紧张，出现了知识焦虑综合征。

[防范办法]过量地吸收信息，并不是一个主动意识，在大多数情况下是被动行为。不用担心它会转发为精神疾病，只要采取以下措施：每天保证睡眠 8 小时；每天的工作列出计划，尽量减少忙乱的现象；接触信息媒体不可过多过杂；每天坚持锻炼身体 1 个小时以上；节假日及休息时间关掉手机不上网，不看电视听音乐，症状就能减轻甚至消失。

[病因]身体的某个部位疼痛，或是疲劳、睡不着、吃不下，无法集中精神做事。严重的还会导致患者脾气暴躁、坐立不安，甚至还可能产生自杀的念头。工作过量和工作不稳定，都是导致抑郁的主要因素。

[防范办法]轻微的抑郁症，可通过各种放松活动及文化体育运动来释放，也可参加文艺、养生、心理、医疗等方面的讲座，学习自己控制生活中的压力。病症如果较深，则要尽早接受治疗。

素语录：能量要保持平衡

人每天吃饭要摄入一定的热量。摄入的热量与活动消耗的热量以及维持标准体重所需的能量要保持平衡。这就像一个天平的两端，一端是摄入的热量，另一边是消耗掉的能量与维持标准体重的能量。摄入一定的热量消耗不掉，便会导致肥胖。

丰富生活的琴棋书画

琴、棋、书、画被古人称为四大雅趣，它将艺术、感情交融在一起，既有明显的养生作用，还能丰富生活情趣。

琴与音乐　琴是我国一种古老而富有民族特色的弹弦乐器，因它常与瑟一起演奏，故常琴瑟并称。琴瑟之音，即指音色优美动听的乐曲，若从广义上讲，就是指音乐。音乐，可以欣赏，可以自娱，包括唱歌与演奏乐曲。欣赏音乐可以使人情绪改变，而弹拨或唱歌则不仅可以调节情志怡养心神，还可直接宣泄情绪。

弈棋　我国棋类有很多，如围棋、象棋、军棋等等，雅俗共赏，变化万千，趣味无穷。弈棋之时，精神专一，意守棋局，杂念皆消，神情有弛有张。古人就有"善弈者长寿"之说，弈棋不仅是紧张激烈的智力竞赛，也可使人精神愉快，有所寄托，使身心舒畅。

下棋固然是有益的活动，但不掌握适度，以致废寝忘食，反而有损于健康，故而应注意以下几点：（1）饭后不宜立即弈棋：饭后应稍事休息，以便食物消化吸收。若饭后即面对棋局，必然会使大脑紧张，减少消化道的供血，导致消化不良和肠胃病。（2）不要时间过长：下棋适度，不应久坐。（3）不要争强好胜，不计较得失，才能心平气和。（4）不要挑灯夜战：老年人生理功能减退，容易疲劳，且不易恢复，若夜间休息减少，身体抵抗力下降，容易发生疾病。

书法　绘画　以书画养生治病，有两方面的内容：一是习书作画，二是书画欣赏。习书作画是指自己动手，或练字或作画，融学习、健身及艺术欣赏于一体。书画欣赏是指对古今名家的书画碑帖艺术珍品的欣赏，在享受艺术美的同时，达到养生目的。

习书作画及观赏玩味能够令人增加情趣，陶冶情操，并在练习书画之时，使身体经常处于内意外力的"气功状态"，使人神形统一，并能令人静思凝神，心气内敛，这也是排除不良因素干扰的一个重要方面。

饭后不宜马上写字作画。饭后伏案，会使食物壅滞胃肠，不利于食物的消化吸收。"功到自然成"，不可操之过急，要持之以恒，坚持经常练习。

3. 练练出力、坐坐病生——运动肢体治百病

捏捏指头找毛病　手上有很多神经集结点，或称反射区，当人体发生不平衡或某个脏器出现病变时，手上的这些反射区就有疼痛的反应。寻找手上的疼痛敏感点，给予适当的刺激可以达到治疗效果，如中医所述"通则不痛"。刺激这些反射区，就可以通过大脑神经的整合作用，起到调和脏腑、治疗疾病的作用。在揉捏中，如果发现某个指头疼痛，说明与某个指头有关联的内脏有毛病，此时，需要把那些疼痛的手指经常地仔细地揉捏，以减轻疾患。在揉捏中，如果十分疼痛，这时便要引起注意，最好到医院检查身体。

拇指疼痛——拇指关联肺脾，小心肺有疾患。食指疼痛——食指关联大肠，小心肠胃有疾患。中指疼痛——中指关联心脏，小心心脏有疾患。无名指（又称环指）疼痛——无名指关联肝胆，小心肝炎及胆囊炎。小指疼痛——关联小肠和肾脏，小心肾和小肠有疾患。小指外侧的根部有一个对应眼睛老化的穴位，叫做老眼点。每天早晚用拇指及食指捏住小指根部，将小指向掌心做弯曲运动，然后再向掌背做伸展运动，各做10余次，可预防老花眼。

如果你打饱嗝，紧压少商穴（大拇指的外侧），至有酸痛感为度，持续30至60秒，即可止住呃逆。当心绞痛发作时，掐中指甲根缓解心绞痛。也可以一压一放，坚持3-5分钟，让其有明显痛感，心绞痛便可以得到缓解。捏脚后跟止流鼻血。当鼻子出血时，用拇指和食指掐踝关节及足跟骨之间的凹陷处（即足后跟），右鼻出血捏左足跟，左鼻出血捏右足跟，这样可以暂时减少出血量。

素语录：十指常揉保平安

手指脚趾常揉揉，头疼失眠不用愁；常揉拇指健大脑，常揉食指肠胃好；

常揉中指能清心，常揉环指保肝胆；常揉小指壮腰肾；十指常揉保平安。

握拳松拳提精神　举举双手防腰疼　俗话说，十指连心。当你伏案工作一段时间，感到头昏脑涨，反应迟钝时，你可以用握拳松拳的小动作，来刺激脑部神经而恢复清醒状态。

（1）两手握拳：从小指开始，内收握拳，顺序依旧是小指、无名指、中指、食指、拇指。收拳时要做到缓慢、有力。（2）两手松拳：然后从小指开始，逐渐将手指伸开。手指伸开时要迅速、有力。拳头松开之后，要用力伸展手指。这样，两套动作周而复始，连续做几遍，即可取得良好的效果。

许多人坐着的时间比站着的时间长，所以经常感到腰酸背疼。有一个简单的动作能让你全身轻松，那就是——经常举举手。把双臂伸直，高举过头顶，感到酸了就放下来。如果想增强锻炼效果，还可以按照以下步骤效果更佳：坐着或者直立时，双手从胸前互相握住手腕。深吸气时努力将双臂从胸口处向前抻拉，深呼气时放回原位。然后越过头顶向上高举。做3至4个深呼吸后，恢复起始姿势。

常甩手　身体好　甩手对中老年人和体弱者尤为适宜。方法是：双腿站直，全身肌肉放松，肩臂自然下垂，双手同时向前甩，又同时收回，连续甩动，像钟摆那样。甩手时手的姿势大致有三种：一是双手向前摆。摆至前臂与躯体成45度角左右收回，收回时不超过躯体的轴线；二是摆回又向后方甩去。与躯体成45度角；三是两手手心都朝前方甩，如同轰赶鸭子。甩手次数和速度要根据自己的年龄、体力而定，由少到多，循序渐进。

缓解疲劳的"手浴法"　目前，兴起一种缓解疲劳的手浴法，比较适合静坐工作者。"手浴"方法简单：接一盆热水，温度以稍高于体温为宜，将双手张开，浸泡在水中10分钟左右。其间，如果感到水温不够热，再续加热水。"手浴"之后，用毛巾擦拭双手，并可活动活动手指。

据祖国的中医药理论："手浴"就是通过外部刺激对人体经络产生影响，达到治疗、缓解人体疾患的作用。手部温度上升后，收缩的血管张开，从而促进了血液循环，使人体的肌肉紧张状态有所缓和。经常手浴的人，肩部酸痛、疲劳无力、眼睛不适的症状，会得到缓和。

搓一搓自己的双脚　脚为"第二心脏"。人体的主要器官，如心肝脾胃肾，以及眼睛、耳朵、鼻子等，在脚上都有相应的反射区。搓脚首推搓涌泉穴（即脚心中央凹陷处）。涌泉属足少阴肾经。"肾出于涌泉"，意思是说肾经之经气犹如水井中的泉水一样，将从这里源源不断地涌出。洗浴后搓此穴，可舒筋活络，使人感到温暖，舒适，对神经衰弱、头痛失眠疗效尤佳。搓脚心是一种健身方法。能治疗神经衰弱，腿脚麻木等病。

经常练练腿　老来不后悔　到室外多活动双腿，以防腿老。常见的几种锻炼方法有以下6种：（1）踮脚走路练屈肌。踮脚走路，就是足跟提起完全用足尖走路，行走百步，这不但可锻炼屈肌，从经络角度看，还有利于通畅足三阴经。（2）足跟走路练伸肌。即把足尖翘起来，用足跟走路，这样是练小腿前侧的伸肌，可以疏通足三阳经。（3）蹬踩脚掌调神经。脚掌上有数不清的神经末梢连通于大脑。蹬脚能使脚、腿和大脑感到轻松舒畅，并有助提高记忆。（4）甩腿扭膝通血脉。一手扶墙或扶树，先向前甩小腿，使脚尖向前向上翘起，然后向后甩动，一次甩80至100次为宜。此法可预防小腿抽筋、下肢麻木萎缩等症。（5）倒退行走健心脏。倒退有利于静脉血由末梢向近心方向回流，更有效地发挥双足"第二心脏"的作用。另外，倒退时，改变了脑神经支配运动的定式，强化了脑的功能活动，可防止脑萎缩。（6）四肢爬行降血压。用四肢爬行，躯体变成水平位，减轻了下肢血管所承受的重力作用，血管变得舒张松弛，心脏排血的外周阻力下降，有利于缓和高血压。

静坐工作者的保健操

双手合掌强心脏——双手合拢，双掌对力往胸部摇动二三十下。

旋转腕节通经脉——双手合拢，双掌对力旋转腕节，顺时针和反时针摇晃各二三十下。

双手对插头脑清——双手在胸部对插，左右晃动二三十下。

反掌伸展筋骨壮——双手在胸、反掌往前，伸臂二三十下。

反掌举过头顶，预防肩周炎——不去看病不发愁。

按摩腕肘行血气——手腕关联五脏（心肝脾肺肾）、手肘关联六腑（胃、胆、三焦、膀胱、大肠、小肠）。两手交替，互相按摩左右腕、肘。

耸肩转脖治颈椎——前后耸肩二三十下。转动脖子顺时针、反时针各二三十下。转动颈脖时，动作要轻、要慢，以防扭伤脖子，但转动的幅度可以大一些，可起到锻炼之功效。

上班族工间休息时做此保健操，既简便易行，又强心健体。

适量流汗、有益健康

参加消耗体力、多流汗的锻炼之所以能延年益寿，是因为大量的活动能增加血管弹性，消耗过多脂肪，使人发生心血管疾病的可能性减少。同时，运动能增强人的心理健康，减轻精神压力，改善胃肠道功能和促进新陈代谢，从而使高血压、糖尿病和结肠癌等疾病的发生率降低。美国哈佛大学的专家对17000余名每周经常从事"流汗活动"的中年人进行了长达20年的追踪调查，结果发现，与对照组（平时少运动，或运动量不大，且不能坚持的一组人群）比较，前者较后者的死亡率低25%；肺活量大10%；心血管疾病发生率低17%左右，寿命也延长5-7年。研究认为，中年人应进行让他们的代谢率比静止时提高6倍以上的锻炼，才算作费体力的活动。你可以选择其中一种方式进行锻炼或交替进行：（1）每天速骑自行车1小时；（2）以每小时5-8千米的速度行走45分钟，每周5次；（3）每天体育运动1小时（篮球、网球、乒乓球、踢毽子等）；（4）每周游泳3小时；（5）以每小时5-11千米的速度慢跑，每周3次。

应结合自己实际选择运动方式，必要时需请有关医生体检合格后才开始进行运动，以免发生意外。

4. 走路——简单有效的健身之道

我国自古就有"走为百练之祖"的健身经验谈，俗语说"没事常走路，不用进药铺。"步行是一种基本、简单的锻炼方法，尤其是对没有体育锻炼习惯的人，以及长期伏案工作的人，步行容易接受，对中老年脑力劳动者和体弱者作用更显着。

而中老年人每天散步2-4公里，心脏病发作率将降低50%。走路的减肥效果明显，每天只要坚持累积五千步以上的快走，就能帮你"烧"掉人体多余的脂肪。

走路健身是快步，还是慢步走，还是模拟竞走？这要根据个人的身体状态和条件量力而行。一般说来，年轻人可以进行健步走，中老年人可以多散步。

步行健身最好是穿一双舒适平底布鞋，走着去上班，持之以恒，就能走出健康。

少坐车，少躺沙发，多走动；只要你把走路当作一项锻炼来对待，其健身效果定能令你喜出望外，不花一分钱就可以健身。

徒步行走——去上班　最简单、经济的健身方式就是散步行走。俗话说，饭后百步走，活到九十九；不仅仅是饭后半小时后散步，上班亦可以徒步行走。如果你的工作地点只有三五公里，建议你上下班，换上便鞋，走一走，甩甩手，既适当锻炼了身体，又为国家节约了能源；甚至，比堵在路上的汽车先到达目的地了，何乐而不为呢？

据悉，北京、上海等城市的白领，时兴"走班"健身。一批尝试了多种减肥方法而无明显效果的白领，悄悄尝试起走路上下班。外企主管 AMY 一直在吃减肥药，但她感觉体重反弹快，动不动就发慢性咽炎。半年前听到有朋友走路上下班，她觉得这个主意不错，于是穿平底鞋上班，每次走 40 分钟，到单位后，再换上职业装和高跟鞋投入工作。走路上班半年以来，慢性咽炎未发。如今减肥药停服了，体重虽无明显下降，但感觉肌肉结实有弹性。现在，如果一两天不"走班"，就感觉好像缺了点什么，浑身不舒服。

走路要在自己身体能承受的范围内，如果感觉比较吃力，可在走上一段后再搭乘交通工具。一味地盲目走路，片面地追求减肥效果，则会伤害到自身健康。

徒步行走的距离因人而异，如果个人的身体素质好，时间上也允许，多走一些也无妨。当然，刚开始时，要从短距离循序渐进地进行，以身体微感发热并少许出汗为标志，像手心、脖子感觉热乎乎的即可。

徒步行走，要控制步伐前进的速度，最好使自己的呼吸不要急促。行走的时间少则半小时，多则 2 个小时。进行徒步行走时，需要轻便的、易收汗散热的鞋。走回家后，有条件的最好马上洗脚，把附在脚上的汗液及时清理干净。在临睡觉的时候，用热水再泡泡脚，让你睡一个好觉。

散步根据自己的体征进行　高血压患者：脚掌着地挺起胸。高血压患者散步，步速以中速为宜，行走时上身要挺直，否则会压迫胸部，影响心脏功能，走路时要充分利用足弓的缓冲作用，要前脚掌着地，不要后脚跟先落地，因为这样会使大脑不停地振动，容易引起一过性头晕。

肥胖者：长距离疾步走。宜长距离行走，每日 2 次，每次 1 小时。步行速度要快些，这样可使血液内的游离脂肪酸充分燃烧，脂肪细胞不断萎缩，从而减轻体重。

体弱者：胳膊甩开步子大。全身活动，才能促进人体的新陈代谢。时间最好在清晨和饭后进行，每日 2 至 3 次，每次半小时以上。

失眠者：睡前缓行半小时。晚上睡前 15 分钟散步，缓行半小时，可收到较好的镇静效果。

常赤脚　防疾病

经常穿着时髦的皮鞋，行走在水泥地上，出门乘车坐船……我们的双脚离土地越来越远，人体积累了过多的正电荷，破坏了人体电能的平衡，这使我们的人体"失重"，身体容易生病。

地球带有大量的负电荷，而地球周围有一个电离层，它由正离子组成。在地球和电离层之间存在电场，一切生物都适应了这个环境。从物理学的角度看，人可谓是一座真正的发电站，细胞就是无数台发电机，不断产生着电能，即生物电能。如果处在一个封闭的环境中，电能就无法释放，它便以静电的方式积存下来。为了防止静电对人体健康的危害，人们应当通过接触土地来消除多余的电能。数千年来，我们的先辈几乎天天赤脚走路，接触土地。但后来人们穿上了鞋（草鞋和布鞋危害少一些），从而破坏了人体电能的平衡。静电对人体健康造成危害，穿胶鞋和化学合成鞋底的鞋子更是有害。正是因为我们脱离了大地，才会经常感到腿脚酸痛不舒服。如有条件，赤脚与土地接触，可接受"地气"。

清晨床上巧健身

搓脸　用双手中指揉两侧鼻翼两旁的迎香穴十余次，然后双手上行搓到额头，再沿两颊下行搓到额尖会合。如此重复 20 次，可促进面部血液循环，也能美容。

转睛　先左右，后上下，各转眼球十余次，有增强视力和减少眼疲之功。

挺腹　平卧、双腿伸直，做深呼吸。吸气时，腹部有力地向上挺起，呼气时松下。一呼一吸为一次，做 10 次。可增强腹肌弹力，预防腹壁肌肉松弛，确有减肥和增强胃肠消化的功能。

过大过多的运动是中老年人的大忌

"流水不腐，户枢不蠹"，不管是那一种运动，都可以通过肌肉活动，促进血液循环和新陈代谢，增强食欲，解除精神压力，使体力和精力充沛。但是运动不能急于求成，宜循序渐进。年轻人身体状况好，可以进行大运动量的体育项目，如打球、跑步、单双杠等，不会有什么问题的；但年龄比较大的人，不适合做剧烈运动，尤其是像短跑、举重这样需要爆发力的运动不适合老年人。运动过大过多，超过了自身组织器官的生理极限，身体抵抗力差了同样会得病的。有些心脏病严重的中老年人，甚至还不宜于观看激烈的重大比赛，以免引起情绪的过分激动。即使参加比赛，最好把它当做一种娱乐，量力而行，泰然处之才好。适当的锻炼，一般以不过多增加心脏负担和不引起不适为原则。

考虑到中老年人的生理、心理特点，日常活动注意"留有余地"，散步、保健操、气功、太极拳等都可以进行。运动的方式五花八门，因地制宜，因人而异，没有定规，但要坚持下来，常年运动。只有适度有规律的运动，持之以恒的运动才能增强体质，提高抗病能力。

一下情况禁忌运动：（1）有糖尿病急性并发症，如各种急性感染、急性眼底出血等；（2）急性合并症，如急性心肌梗塞、严重心律紊乱、频发心绞痛、心力衰竭、脑出血、脑梗塞、肝肾功能不全、呼吸功能不全等。（3）未控制的高血压，或运动后发生直立性低血压；冠心病及心脏瓣膜病，并有心功能不全、近期发生暂时性脑缺血；（4）下肢静脉曲张或发生过血栓性静脉炎；（5）肝脏或肾脏功能损害；（6）呼吸道疾患致呼吸功能障碍等。

猫身　趴在床上，撑开双手，伸直和抛砖引玉双眼，抬起臂部，像猫儿拱起背梁那样用力拱腰，再放下高翘的臀部，反复十余次，可促进全身气血流畅，防治腰酸背痛等疾病。

叩齿　平坐，上下牙齿相互叩击，每次叩击 50 次左右。此法能增强牙周纤维结构的坚韧性，促进牙龈及颜面血液循环，使牙齿紧固，防止牙病发生。

> **素语录：运动寓于生活之中**
>
> 自己能上下楼，就不要乘电梯；去不太远的地方，就不要乘车。现在的"文明病"所以增多，主要的原因之一就是动的少吃得多，贪图安逸，太舒服。要做到"运动寓于生活之中"，这样对健康大有好处。

6. 预防运动中的损伤

体育运动形式基本可以分为三大类型：一是有氧运动，又称耐力运动，如步行、骑车，有利于心肺功能；二是无氧运动，又称力量运动，如举重、跳跃可增强肌肉力量；三是屈曲和伸展运动，如太极拳、韵律操，可增强机体的柔韧性。运动形式最好三种类型都涉及到，可以交叉或分多次进行。青年人每天至少进行中等强度的运动 1 小时，同时参加能够增强肌肉力量、促进骨骼生长的锻炼，比如游泳、变速跑等。对于健康的成年人，每天进行 30 分钟中等强度的运动是预防疾病的最低要求，老年人应该重点锻炼身体的灵活性、柔韧性和平衡能力，每天坚持散步、做操、太极拳等。

体育健身运动有个适度问题，如果把握不好，就会产生伤害，所以讲究科学的健身方式方法。

运动时的注意事项：（1）有健康隐患的人应先看病，后锻炼。急性病患者一般不能运动，慢性病患者要在病情得到控制的情况下进行。（2）因人而异、因地制宜。运动量、运动强度、运动类型应立足于个人能力，以方便为原则。

（3）循序渐进。缺乏日常锻炼的人，要逐步增加运动量，尤其要重视运动前的准备活动和运动后的恢复活动，以避免损伤。

素语录：百岁寿星具有健康共性

（1）心态平和、乐观向上。（2）与人为善，待人宽厚。（3）粗茶淡饭、生活俭朴。（4）早睡早起，中午小歇。（5）勤劳好动，不抽烟酗酒。（6）子女孝顺，家庭和睦。（7）远离喧嚣，居室简单。（8）遗传因素，家族长寿。

第五章　素用——简约生活　回归自然

百啭千声随意移，山花红紫树高低。

始知锁向金笼听，不及林间自在啼。——宋·欧阳修

血肉淋漓味足珍，一般苦痛怨难伸。

设身处地扪心想，谁肯将刀割自身？——宋·陆游

我肉众生肉，名殊体不殊。原同一种性，只是别形躯。

苦恼从他受，肥甘为我须。莫教阎老断，自揣看何如？——宋·黄庭坚

人之生日到来，应当持斋戒杀。或是买命放生，或是诵经念佛。修桥砌路煮茶，随意奉行善事。报答生身父母，乳哺三年大德。——宋·真歇禅师

第一节　家庭节约用水小窍门

1. 洗餐具节水窍门　（1）淘米水、煮过面条的水和米汤，用来洗碗筷，去油又节水。（2）家里洗餐具，最好先用纸把餐具上的油污擦去，再用热水泡、洗，最后用温水或冷水冲洗干净。（3）洗涮餐具不用或少用洗洁精。一般家庭在洗菜、洗碗（盘）等洗涮时都用洗洁精，但这样做，在去污的同时，人们不得不用大量清水洗去洗洁精，而碗盘上的残留物（洗洁精物）对人体有害。与其如此，倒不如不用洗洁精，那么，油渍污垢怎么去掉？好办，可用平时家中积攒的废纸、餐巾纸、塑料袋等先把碗（盘）等餐具中的块状物及油渍擦掉，再把餐具放入清水中泡、洗。水果、生菜则可以放入清水中，加点盐浸泡后再洗。不用或少用洗洁精好处有三：一是节约了用于清洗洗洁精这个二次污染物所用的水；二是减少了洗洁精排放所造成的环境污染；三是有效节省了洗洁精及其生产所需的原料。（4）将老式旋转式水龙头换为节水龙头，选择节水龙头关键看开关的速度，灵敏的控制开关可缩短水流时间，节省水流量。

2. 洗澡节水窍门　洗澡尽量淋浴，并根据需要及时调节或关闭水龙头。多用淋浴，少用或不用盆浴。用喷头淋浴比用浴缸洗澡节省水量达八成之多。

洗澡时应避免过长时间冲淋，搓洗时应及时关水，不要将喷头的水自始至终地开着。在澡盆洗澡，注意放水不要过满，1/3 或 1/4 盆水就够用了。盆浴后的水可一水多用，用来冲洗厕所和拖地等。

3. 使用坐便器的节水窍门　除了洗衣机，坐便器（抽水马桶）也是家庭中的用水大户，用水量占居民用水量的 35% 左右，一个三口之家一个月就要冲掉 3 千多升水。有条件的家庭更换节水型卫生器具，安装使用节水型用水器具，采用陶瓷芯片密封式水嘴，淘汰螺旋升降式铁水嘴，选用可选择冲水量或者水箱容量 ≤ 6 升的节水型坐便器。对现有在用的非节水型抽水马桶，可尝试采用水箱内放置一块砖头、一个水瓶的方式来减少冲洗水量。但须注意，砖头或水瓶放得不要妨碍水箱正常的运作。

用收集的家庭废水冲厕所，可以一水多用，比方说洗衣服的最后一次漂洗，衣服洗干净了，从洗衣机排出的水看上去还比较干净，直接流进下水管还真有点可惜。有一位节约发明家研制了一套生活用水回用装置，获得了国家专利。他将厨房的洗涤槽、卫生间的面盆和坐便器水箱连接到一个储水箱上。洗涤槽、面盆流出来的比较干净的水进入储水箱，供冲厕使用。垃圾不论大小、粗细，都应从垃圾通道清除，而不要从厕所用水来冲。使用免冲洗小便器。免冲洗小便器，是一种不用水、无臭味的厕所用器具，因为经济、卫生，节水有效，所以还颇受欢迎。

4. 使用洗衣机的节水窍门　（1）衣服集中一起洗，小件物品用手洗。衣服太少不用洗衣机，等多了以后集中起来洗。洗衣时，存满一机衣物，才开洗衣机，以减少洗衣次数。放入洗衣机中的洗涤剂要适量，过量投放导致不易漂洗干净，容易浪费大量的水。（2）提前浸泡，减少漂洗耗水。在清洗前对衣物先进行浸泡，可以减少漂洗次数。洗涤前可将脏衣物浸泡 10 至 20 分钟，并按需选择水位及漂洗次数。（3）精选清洗程序。目前，在洗衣机的程序控制上，洗衣机厂商开发出了更多水位段洗衣机，可将水位段细化。洗涤功能可设定一清、二清或三清功能，根据不同的需要选择不同的洗涤水位和清洗次数，达到节水的目的。（4）选购节水型、节能型洗衣机。节水型洗衣机能根据衣物量、脏净程度自动或手动调节用水量，满足洗净功能且耗水量低的洗涤产品。

不用或少用含磷洗衣粉；尽量用肥皂，减少水污染。肥皂的原料来自植物或动物脂肪，易于生物降解，对水的污染较小，比一般化学配方好得多。

用肥皂洗衣服，不仅会减少水污染。

5. 家庭生活用水注意事项；一水多用、串联使用　良好的生活习惯也能节水。用口杯刷牙，用脸盆洗脸，要比用活水刷牙洗脸，一人一天节约 5 升水。每天刮脸和刷牙时可放满一杯水，而不要一边流水，一边刷牙。

切勿长时间开水龙头洗手、洗衣或洗菜。洗涤蔬菜水果时应控制水龙头流量，改常流水冲洗为间断冲洗。

衣物不要放在流水下冲洗，其实只要将其放在盆里清洗几次或放在洗衣机里清洗即可洗净。洗小件衣物用肥皂水，因为肥皂水更容易洗净。

如果水龙头每秒钟滴下 1 滴水，那么在一昼夜里将白白流失大约 12 升水。因此要定期更换水龙头里的橡胶垫圈。这样水龙头可使用几年不用更换和修理。厕所里的水箱采用同样方法亦可排除渗漏故障。

家庭生活一水多用、串联使用。例如：用淘米水洗菜，洗完菜的淘米水可用于浇花；最后一次洗涤水可用来拖地、洗拖把，或用来冲坐便器；洗澡水、洗衣水、洗脸（脚）水可以用来拖地，亦可用于冲厕所。洗脸水用后可以洗脚，然后冲厕所。家中应预备一个收集废水的大桶，它完全可以保证冲厕所需要的水量。养鱼的水浇花，能促进花木生长。

注意查漏塞流，冬天防止水管冻裂。不要忽视水龙头和水管节头的漏水。发现漏水，要及时请人或自己动手修理，堵塞流水。一时修不了的漏水，干脆随时用总节门暂时控制水流。

北方的冬季，水管容易冻裂，造成漏水，注意预防和检查。屋外的水龙头和水管要安装防冻设备（防冻栓、防冻木箱等）。屋内有结冰的地方，也应当裹麻袋片、缠绕草绳。有水管的屋子要糊好门缝、窗户缝，注意屋内保温。一旦水管冻结了，不要用火烤或开水烫（那样会使水管、水龙头因突然膨胀受到损害），应当用热毛巾裹住水龙头帮助化冻。

6. 这样的用水值得学习　（1）一水多用、惜水节水　住在昆明市某小区的蔡女士家，也出现过太阳能水箱漏水的情况，为了防止再次漏水，两年前，她们家对水箱进行了改造。自来水公司来安装一户一表的时候，就让他们给安装了一个阀门，这个水通到太阳能水箱里。原来水箱里的浮球阀容易坏，坏了水箱的水就会不停地流。有一个这样的阀门，蔡女士家平时洗完澡后，就把阀门打开放 10 分钟的水，不管水箱水满不满，一个家庭只有两个人，洗澡水已经够了。

蔡女士家的太阳能水箱有 500 公斤的容量，一家人用不完。于是他们把水箱里自动控制水位的浮球阀取掉，用手动阀门来控制。这样既防止了水箱漏水，也节约了用水量。同时，她家还采取了一水多用的办法，来节约用水。如擦桌子、洗衣服、冲厕所等，都是用节约下来的水再利用。

昆明市计划供水节约用水办公室龚主任说，昆明有 60 多万户家庭，如果每个家庭都一水多用，每个家庭每个月都节约一吨水，全昆明市就节约了 60 多万吨水，小账不可不算。

（2）节约用水有六招　家住舟山市人民南路观音桥的周女士把自己多年节水点子概括为"六招"：一是准备一只大水桶，用于盛放洗衣机甩出来的水，用来洗拖把，然后再冲厕所。同时，淋浴水、洗手水也不轻易放过，把它们集中起来冲马桶。二是养鱼水、淘米水可以用来浇花，这些水浇花有营养。三是煮面、米汤、蒸锅的水用来刷洗碗筷，可以有效地洗去碗筷中残留的洗洁精，起到消毒的作用。四是残茶水可用来擦家具、门窗。五是抽水马桶的水箱过大，可在水箱里摆放一块砖头或一只装满水的大可乐瓶，以减少水量。六是所有的水龙头、接口等用水设备要定期检查，一旦发现漏水，尽快修复。这些方法体现在居家生活的细节之中，每个家庭都可以做到。

周女士还介绍说，若边放自来水边刷牙，这样不间断放水 30 秒，用水量就要 6 升，而口杯接水，3 口杯足以应对一次刷牙，用水量仅 0.6 升；洗菜要一盆一盆地洗，不要开着水龙头冲，一餐可节约 100 升水；淋浴器安装节水龙头或使用小水流；洗手擦香皂时关掉水龙头，洗一次澡可节约水 60 升以上。在平常的居家生活中，懂得行之有效的节水方法，不仅减少了自己的经济负担，对节约水资源大有益处。

淘米水的用途

淘米水护肤　大米的表面含有钾，第一次淘米的水呈弱酸性，而第二次的淘米水则呈弱碱性，适合用于面部弱酸环境的清洁。用淘米水洗脸，可祛除肌肤污垢，不会刺激皮肤。方法：把淘米水涂在脸上，按摩20分钟，清水冲净，早晚各一次。

淘米水去污　淘米水含蛋白质、维生素和微量元素，能够除污垢。方法：（1）淘米水刷洗碗碟，胜过洗洁剂。（2）用淘米水擦洗门窗、搪瓷器具、竹木家具等容易擦洗干净，除漆味，使色泽光亮。（3）用淘米水清洗痰盂，除去积垢。

淘米水的其他妙用：浇花——花草的营养来源。洗菜——分解蔬菜上农药的毒性。将蔬菜冲洗后，再放在淘米水中浸泡半小时，然后再用清水漂洗干净。洗衣——去污力强，可保持衣物鲜亮清洁。有汗迹的衣服先用淘米水泡泡再洗，容易干净。把有霉斑的衣服放入淘米水中浸泡一夜后，再按常规搓洗，衣服上的霉斑就可去除。除锈——菜刀、锅铲等铁制炊具，浸入比较浓的淘米水中，可以防止生锈。

第二节　家庭节约用电小窍门

1．空调节电的窍门

（1）安装空调器要尽量选择房间的阴面，避免阳光直射机身。如不具备这种条件，采用窗帘遮阳也可节省空调制冷用电。使用空调器的房间，最好用厚质地的窗帘，以减少凉空气散失。少开门窗可以减少屋外热量进入，利于省电。

（2）空调使用一段时间后，过滤网上会积聚大量灰尘。这些污垢使气流循环受阻，妨碍冷空气吹出，降温的效果就差，在这种情况下室内的温度要降下来，压缩机就要延长工作时间，就会费电。因此，空调机使用期间每月至少应清洗一次过滤网；有条件的也可请专业人员定期清洗换热器片，可以节省30％的电力。室内外连接管不超过推荐长度，可增强制冷效果。

（3）夏季使用空调时少开窗、少开门，避免热空气进入。空调配合电风扇低速运转，可适当提高空调的设定温度，既有舒适感，又能节电。

（4）夏季空调温度设定在26℃－28℃，冬季设定在16℃－18℃。空调在制冷的时候，如果每天按10个小时计算，每调高一度就能省电半度，如果您从24℃调到28℃，每天就能省下两度电。空调使用过程中温度不能调得过低。因为空调所控制的温度调得越低，所耗的电量就越多。制冷时室温定高1度，制热时室温定低2度，均可省电10％以上，而人体几乎觉察不到这微小的差别。

（5）使用空调时，启动自动调温功能，假如室温达到您的要求，空调即可停止制冷。"通风"开关不能处于常开状态，否则将增加耗电量。多用睡眠状态也省电。设定开机时，设置高冷／高热，以最快达到控制目的；当温度适宜时，改中、低风、减少能耗，降低噪音。

夏季加强耐热锻炼　夏季适时使用空调，尽量少开空调，正好锻炼人体耐热能力。如条件许可，尽量使用扇子纳凉；在避暑的同时，活动了手臂和肱关节，有利于身体健康。

生活在不同气候环境的人，抗寒、耐热能力相差悬殊。长期生活在热带地区的人，对炎热天气的承受能力强，而在寒冷天气面前却不堪一击。长期生活在寒冷地区的人，正好与之相反；生活在北极圈附近的爱斯基摩人，能在零下几十度的环境中生存下来。

夏季适于人体的温度是26度左右，如果室温太低会减弱身体对热反应的灵敏度，过分偏离自然环境，躲进人造的环境，很难拥有健康的体魄。室内外温差过大，容易患上"空调病"。经常处于空调低温环境中的人，耐热能力逐渐下降，一旦环境改变，容易中暑、感冒。

就耐热能力而言，除与气候环境有关外，还与是否经常进行耐热锻炼有很大关系。所谓耐热锻炼是指在气温逐渐升高的天气情况下，有意多在户外活动，尽量不使用空调，以逐渐提高机体的散热功能，促进人体对耐热能力的应激蛋白的合成，进而达到适应更高温度环境的目的。夏季正是人体耐热锻炼的时机。出点微汗，可增强人体的免疫功能。

2. 电冰箱节电的窍门

选购冰箱要选择节能产品，买有能效标志的，冰箱可以省一半电。

电冰箱要远离热源、避免阳光直射。摆放冰箱时，四周预留一定的地盘，有适当通风的空间，可以帮助冰箱散热。

不要与音响、电视、微波炉等电器放在一起，这些电器产生的热量会增加冰箱的耗电量。

根据季节，夏天调高温控挡，冬天再调低。及时清除电冰箱结霜。

水果、蔬菜等水分较多的食品，洗净沥干后，用碗盖或塑料袋包好放入冰箱。放进新鲜果菜时，把它们摊开。果菜堆在一起，会造成外冷内热，消耗更多的电量。

冰箱里装的东西越多，冰箱的负荷就越大，就越费电。食物不要塞得太满，食物之间要留有空隙，以便冷空气对流，加快降温，达到省电的目的。冰箱存放食物容积约为 80% 为宜，储存食品过少时使热容量变小，而储存过密不利于冷空气循环。

对于那些块头较大的食物，可根据家庭每次食用的分量分开包装，一次只取出一次食用的量，而不必把一大块食物都从冰箱里取出来，用不完再放回去。反复冷冻容易对食物产生破坏，还浪费电力。

食物解冻的方法有水冲、自然解冻等几种。如时间允许，尽量不用微波炉解冻，可将冷冻食品预先放入冰箱冷藏室内慢慢解冻。食品冷却至室温后再放进电冰箱，从而达到省电目的。

3. 电饭锅节电的窍门

选择功率适当的电饭锅。煮 1 千克的饭，500 瓦的电饭锅需 30 分钟，耗电 0.25 千瓦时；而用 700 瓦电饭锅约需 20 分钟，耗电仅 0.23 千瓦时，功率大一些的电饭锅，省时省电。

保持电饭锅电热盘的清洁。电热盘附着的油渍污物，时间长了会炭化成膜，影响导热性能，增加耗电；应擦拭干净或用细砂纸轻轻打磨干净。

提前淘米，用开水煮饭，煮饭用水量要掌握在恰好达到水干饭熟的标准。煮饭时，经淘洗的米浸泡 10 分钟左右后再煮，可以省电。

用电饭锅煮饭时，在电饭锅上面盖一条毛巾可以减少热量损失。

4. 饮水机节电的窍门

饮水机接通电源后，其储冷或储热槽里的冷热能量会受外界温度的影响而散失，在这期间，电热丝和压缩机就会间歇运转，以补充散失的热量。所以，如果电源一直接通，即使不用，耗电量也会增加。饮水机反复循环加热，不仅影响饮水机的使用寿命，还会影响水质。饮水机不用的时候关掉电源，比如每天早上上班离开后或周末出门度假时，关闭电源。

定期清洗饮水机有利于卫生。在室内温度条件下，饮水机里的菌落指数就会上升。所以，为了家人的健康，请定期对饮水机进行清洗和消毒。

5. 电水壶节电的窍门

最好选购自动电热壶。自动电热壶在水烧开之后，能够自动关闭电源，防止因不能及时停止加热而造成的用电浪费及火灾的发生。

喝多少水装多少水，不必一烧就是一满壶；只要够喝就行了，这样省电省水。如果烧水过多的话，用不了的那部分水就等于白白浪费掉了电能。

建议您将电水壶配合保温瓶使用，烧开的水可以及时倒入保温瓶里，避免电热壶反复加热。使用真空瓶胆的保温瓶，保温效果好。

按照说明书的要求，定期清洗电水壶的水垢，可提高加热效率，延长使用寿命。电水壶在使用一段时间后，用来加热的电热管上会结上一层厚厚的水垢。水垢影响热的传导，影响电热管的加热效率，导致烧水的时间长，因此也就浪费电。

6. 微波炉节电的窍门

（1）选购微波炉时，应视家庭人口而定，一般3-5人选用功率为500-600瓦的，5人以上选用800瓦-1000瓦的。（2）在用微波炉加工的食品上加层无毒保鲜膜或盖子，使食品水分不易蒸发，加热的时间缩短，味道好又省电。（3）微波炉启动时用电量大，使用时尽量掌握好时间，做到一次启动烹调完成。（4）密封食物应将密封层去掉后再放入微波炉加热。（5）微波炉适合食物的加温和解冻，微波炉在运行过程中，会对水或脂肪的食物进行加热；加热干食物时，可先在食物表面喷洒少许水，以提高微波炉的效率，减少电能消耗。（6）注意保持微波炉内清洁。

7. 电磁炉节电的窍门

（1）电磁炉放置在空气流通处使用，出风口要离墙和其他物品10厘米以上。忌湿气、水汽，远离热气和蒸汽。（2）使用时灶面板上不要放置小叉、小刀之类的铁磁物件，也不要将手表、收录机等易受磁场影响的物品带在身上进行电磁灶的操作。在电磁灶2-3米的范围内，最好不要放置电视机、录像机等带磁的家用电器，以免受到不良影响。（3）容器水量勿超过七分满，避免加热后溢出造成基板短路。（4）电磁灶使用完毕，把功率电位器调到最小位置，然后关闭电源，再取下铁锅，这时面板的加热范围内切忌用手直接触摸。（5）清洁电磁灶时，待其完全冷却，可用少许中性洗涤剂，切忌使用强洗剂，也不宜用金属刷子刷面板，不要用水直接冲洗。

8. 电熨斗节电的窍门

选购调温型电熨斗，其升温快、耗电量少。一次熨好所有的衣物，尽可能将衣物集中熨烫，以免需要将电熨斗再次加热。熨烫衣服时，熨烫耐温较低的化纤衣物，待温度升高后再熨烫耐温较高的棉麻织物。留着一部分化纤衣物，等到断电后利用余热再熨烫。

应确保您选用适当的恒温度数，先熨平宜用高温的衣物，继而处理中级温度的衣物，然后切断电源，利用余温熨平例如丝质的其他衣物。如果使用的不是能调温的普通电熨斗，要掌握好温度，达到衣料所需温度时，立即断电。

9. 吸尘器节电的窍门

先人工清理房间，再使用吸尘器，可以减少吸尘器使用时间。使用前检查吸尘器的吸嘴、风道、软管有无杂物堵塞，发现堵塞立即清除。使用时视地毯、地面情况，根据尘量多少调整风量强弱；根据不同情况选择适当功率挡。勤于清理或更换集尘滤袋，可减少气流阻力，提高吸尘效率，减少电耗。如果马达产生过热现象或发出异常声响，先关上电源、进行检查。

10. 抽油烟机节电的窍门

做饭时使用抽油烟机上的小功率照明，关闭房间其他照明灯，可节约光源。不要用抽油烟机当换风设备，在有油烟产生时才开启抽油烟机，可延长抽油烟机的使用寿命。

　　频繁拆洗抽油烟机会导致零件变形，从而增加阻力，增加耗电量。其实油烟一般是不会进入电机的，擦洗表面就可以了。可在抽油烟机表面上喷洒速洁浓缩去渍剂，简单擦拭，翻亮如新。抽油烟机使用一段时间后附着油垢，清洗抽油烟机时，不要擦拭扇叶，可在扇叶上喷洒去渍剂后，让扇叶旋转甩干，以免扇叶变形增加阻力。

11．电视机节电的窍门

　　（1）控制好对比度和亮度。一般彩色电视机最亮与最暗时的功耗能相差30瓦至50瓦，把电视对比度和亮度调到中间为佳。亮度适当调暗，既保护眼睛又省电。（2）控制好音量。电视的耗电和音量有关，电视的声音调到适合的程度，既省了电，又不会干扰邻居。（3）只要电源接通，电视机的显像管就会预热，很多元器件虽然并没有工作，但是却白白地耗费电。看完电视，关闭电源，而不是把它搁置在待机状态；待机状态下耗电一般为其开机功率的10%左右。一般情况下，待机10小时，相当于消耗半度电。关闭电后，不用遥控器关机，直接关掉电视机上的电源。（4）给电视机、电脑、空调等家用电器加防尘罩。这样可防止吸进灰尘，灰尘多了增加电耗。电器积尘、受潮，影响散热、降低功效，还会造成漏电隐患。

　　听收音机自得其乐　有的人喜欢开着电视去干活。"听电视"是一种不好的习惯，其实干活时听收音机也快乐。收音机与电视机相比，用电量小，磁场小，没有荧光屏画面，不污染室内空气；不但节约了用电，还保护了视力和人体皮肤。养成听收音机的习惯，好处很多。注意：不要养成在临睡前听收音机的习惯，因为这时候您可能会听着听着就睡着了，这样不但影响您的睡眠，还会浪费电，不利于节约。

12. 电脑节电的窍门

（1）尽量利用电脑的硬盘，避免增加电耗。一方面硬盘速度快，不易磨损，另一方面开机后硬盘就保持高速旋转，不使用也一样耗电。因此，除非确实需要插入移动U盘或软盘，一般情况下尽量使用电脑的硬盘。（2）使用电脑过程中，应将暂时不需要使用的打印机等其他连接设备及时关闭，用时再打开，避免造成电源的浪费。（3）正确使用电脑"等待"、"休眠"、"关闭"等选项，可以将能源使用量降低一半。（4）电脑只用来听音乐时，可以将显示器关闭，可减少不必要的电耗。最好使用耳机，以减少音箱的耗电量。（5）关机之后，要将插头拔出，否则电脑会有约4.8瓦的能耗。（6）保持电脑的清洁。电脑内积尘过多，将影响散热；显示器屏幕积尘会影响亮度。定期擦拭屏幕，清除机内灰尘，能降低能耗，延长电脑的寿命。

13. 手机节电窍门

第一次充电对电池以后的使用寿命影响很大。一般要求第一次充电时间为12小时左右（如电池有电应先用完），但切记不可超过24小时，否则有可能把电池充坏。以后充电则要求每次用完剩余电量再充电，每次充5-6小时就可以了。

手机充电结束后注意将充电器拔下来，否则它还会继续充电，浪费电能。

一般手机充电一次要消耗的电量约为0.01度电，而充电完成后继续充电，3小时还会消耗约0.01度。按照我国目前2亿部手机保有量来计算，一年因手机过度充电的总耗电量竟然高达7.3亿度。

手机不用时（晚上十点以后，或节假日）最好关闭，设置关启功能，不但节约用电，还可延长电池的使用寿命。

《悯农》诗的小故事

农夫在中午的炎炎烈日下锄禾，滴滴汗珠掉在生长禾苗的土中。又有谁知道盘中的饭食，每一粒都是这样辛苦得来。（锄禾日当午，汗滴禾下土。谁知盘中餐，粒粒皆辛苦。——李绅《悯农》）。这首诗语言浅显而内涵深邃。有一个故事说，一个财主的儿子不知道稼穑之艰难，常到一个饭馆里吃饺子，但把饺子皮全吐掉，只吃肉馅。后来家里遭遇火灾，一夕之间夷为平地，他成了乞丐，要饭要到这个饭馆。饭馆主人以饺子皮招待他，他深为感动。饭馆主人说，不用谢，这都是你当初扔掉的皮，我拣起晒干了而已。财主的儿子很惭愧，后来勤奋劳动，生活节俭，家道重又殷富起来。这个故事，印证了"谁知盘中餐，粒粒皆辛苦"的道理。

第三节　避免污染的健康之道

1. 餐具的综合利用

应少用或不用塑料餐具。塑料餐具含有氯乙烯致癌物，长期使用会诱发癌症。

为什么说铝制品内不宜存放饭菜？铝的化学性质非常活泼，在空气里很容易氧化，表面生成氧化铝薄膜。氧化铝薄膜不易溶于水中，但却能溶解于酸性或碱性的溶液中。而咸的菜、汤类食物如果长时间存放在铝锅、铝盆里，就会在汤菜里积存下较多的铝，它们和食物发生化学变化，生成铝的化合物。长期吃这种含有大量铝和铝化合物的食物，人体就会慢性中毒。例如，破坏人体吸收正常的钙、磷比例，从而影响人的骨骼、牙齿的生长发育和新陈代谢，还会影响某些消化酶的活性，使胃的消化功能减弱；长此以往，患得老年痴呆症。因此，不能将剩饭剩菜长时间存放在铝制品里。应少用或不用铝制品。铝在人体内积累过多，会引起动脉硬化、老年骨质疏松、痴呆等症。注意：铝盆不宜用来久存饭菜和长期盛放含盐食物，不宜用铝铲刮锅底。

提倡使用铁锅、铁铲等铁制品，但生锈的铁制餐具不宜使用，铁锈可引起呕吐、腹泻、食欲不振等现象。铜制餐具生锈之后会产生"铜绿"，即碳铜和蓝矾，是有毒物质，可使人发生恶心、呕吐，食物中毒。

提倡使用竹木餐具。竹木餐具本身不具有毒性，但易被微生物污染，使用时应刷洗干净；涂上油漆的竹木餐具对人体有害。

　　塑料袋装食品健康大忌。有些塑料制品在制作的过程中加入了增塑剂、稳定剂，这些有毒性的制品，一旦进入人体就会造成积蓄性铅中毒。现在市面上使用的大都是不允许盛装食品的塑料袋。卖鱼的摊位经常使用颜色特别深的塑料袋，如黑色、红色和深蓝色的，这些深色调的塑料袋大都是用回收的废旧塑料制品重新加工而成，对人体有危害，因此更不能用来装入口食品。再者，小食摊经常使用的超薄塑料袋也是禁止装食品的。此外，不能用聚氯乙烯塑料制品存放含酒精类食品、含油食品，否则袋中的铅会溶入食品中，同时也不能放高于50摄氏度的食品。用塑料袋存放蔬菜，塑料袋释放的有毒气体会跑到菜里去；因而，买菜时最好使用布袋或菜篮子盛放，既环保又卫生。

　　不要用塑料桶长期装食用油。塑料是一种高分子化合物，是由许多单体聚合而成，并在制造过程中加有一定量的增塑剂、稳定剂和色素等。据分析，许多塑料单体和增塑、稳定剂、色素等对人体健康有损害。如聚氯乙烯塑料，长期接触食油则可溶出增塑剂，对人体有害，而且聚氯乙烯单体也有致癌性。就是使用包装食品最安全的聚乙烯塑料容器来存放食油也不好，因聚乙烯也易溶于食油中，使食油出现蜡味，所以，不宜用塑料容器长期盛装食油。

2. 为什么说陶瓷器皿也要防毒？

　　陶瓷餐具中的釉含有铅，铅具有毒性，人体摄入过多就会损害健康。搪瓷餐具含有硅酸铅之类的铅化合物，如果加工处理不好就会对人体有害。所以购买搪瓷餐具应选工艺精湛的优质产品。使用陶瓷器皿时应注意以下3点：一是选陶瓷餐具时不要选作釉上彩装饰的，尤其是陶瓷餐具内壁不要有彩绘。可选作釉下彩或釉中彩装饰，如青花就是一种人们喜欢的以釉下彩装饰的陶瓷。二是买回的陶瓷餐具，先用含4%食醋的水浸泡煮沸，这样可以去掉大部分有毒物质，降低陶瓷餐具对人体的潜在危害。三是不要用陶瓷具长期存放酸性食品和果汁、酒等饮料。因为陶瓷餐具盛放酸性食品的时间越长，温度越高，就越容易溶解出铅，等于加重铅溶出量的毒副作用。

现在很多家庭都有电子消毒柜，这本是一件好事，可有人视消毒柜为万能，什么东西都往里塞，反而弄巧成拙。比如，搪瓷制品是在铁制品的表面镀上一层珐琅制成的，而珐琅里含有对人有害的珐琅铅及铜化物，一些色彩艳丽的油彩一般还含有镉，在高温下它们会逐渐分解，附着餐具表面，再用它装食物进食，就会危害人体健康。另外，某些塑料制品也会在高温下分解出有毒物质，同样不宜放进消毒碗柜消毒。

3. 为什么不能用报纸包装食品？

印刷报纸的油墨中含有一种叫多氯联苯的有毒物质，它的化学结构跟滴滴涕差不多。如果用报纸包食品，这些物质便会渗到食品上，然后随食物进入人体。多氯联苯进入人体后，易被吸收，并储存于人体，很难排出体外，如果人体内多氯联苯达到一定数量时，人就会眼皮发肿，手掌出汗，全身起红疙瘩，重者还会恶心呕吐，肝功能异常，全身肌肉酸痛、咳嗽不止，甚至导致死亡。此外，旧报纸多经传阅，易沾染各类病毒等，用来包装食品是很不卫生的。所以不要为图方便而用旧报纸包装食品。

4. 为什么要少用一次性纸杯

不要认为纸杯的颜色越白就越卫生，那些加入了大量荧光增白剂的纸杯就会很白。在选购纸杯时，最好能将纸杯在荧光灯下照一照，如果纸杯在荧光下呈现蓝色，说明这种纸杯中的荧光剂含量超标。一次性纸杯往往会给人们的健康带来危害。更为严重的是，有些一次性纸杯里面还含有致癌物质。因此，尽量不用一次性纸杯，这既可减少垃圾，又做到了节俭。

5. 重视厨房里的抹布

抹布用得越久，细菌就越多，数据显示，一条全新的抹布在家中使用一周后，细菌数量高达 22 亿，包括大肠杆菌、沙门氏菌、霉菌，以及一些病毒。因此，可以每隔 3-5 天将抹布洗干净后，经常更换或消毒抹布极其重要。

对抹布杀菌消毒：用沸水煮 20-30 分钟。用家用消毒液浸泡 30 分钟，再漂洗干净。过于油污的抹布要及时淘汰。

如果一块抹布既擦拭台面、水池，又擦拭刀具、碗碟等，会造成细菌交叉传播。因此，厨房中的抹布必须按需求分开使用，做到"专布专用"。厨房里至少要有 3 块抹布，如擦台面和水池的一块、擦刀具和铲子的一块、擦盘子和碗筷的一块。还可以细分，但要防止用错了抹布，最好选择不同的式样和颜色，以示区别。自然生长的东西用起来好，例如，洗碗用丝瓜络，洗衣物用用角皂，对人体有天然的亲和力，比用化纤布好得多。

抹布常处在潮湿的环境下，容易滋生细菌。为保证碗筷的卫生，碗筷清洗完毕后，不要用抹布擦拭，可放在滴水的网架上，待水气蒸发干了后，再收入碗柜里即可。现在市场上有纯天然竹（木）纤维用品，大家可以购买使用。

6. 用钢丝球洗碗害处多

用钢丝球常常出现沾油，生锈等问题，甚至还会划伤手，掉屑，损伤物面，有的还会招来霉菌产生恶臭。时下的厨房用具有不少是铝制品，如高压锅、热水壶等，有人喜欢在清洗铝制品时，使用钢丝球、细沙或其它粗硬物品，这种做法其实不科学。因为铝是一种极易与空气中的氧起化学反应的元素，铝制品表面会形成一层氧化铝，起到对内部铝的保护作用。用硬物擦洗铝制品，不但会破坏氧化铝层，从而影响其使用寿命，还会使铝过多地进入食物中，影响身体健康。一个 3 岁的小女孩到医院体检，查出来了铅高超标。医生就问妈妈：你家用钢丝球洗碗吗？这个东西以后再也不要用了。这个妈妈回家后，把所有的钢丝球都给仍掉了，改用丝瓜络。丝瓜络的透气性能良好，自然风干后，细菌不易繁衍。丝瓜络是天然的植物纤维，对人体没有危害，而钢丝球的残屑则危及人体的肠道。

第四节　家庭生活中的安全之道

1. 怎样安全使用燃气?

一是定期用肥皂水检查燃气设备接头、开关、软管、截门等部位，查看有无漏气。二是注意通风。如果通风不足，燃气燃烧不完全，会产生一氧化碳，造成人窒息，危及人的生命。三是室内燃气管线需"轻装"不要悬挂重物。燃气管道承重太多，容易损坏。也不要把燃气管线当电器地线来用，一旦燃气泄露，遇电火花就会发生爆炸。四是厨房内不放易燃、易爆物，不要住人。五是不要私改或乱接燃气设施。近几年，楼房装修时私改乱接燃气设施的现象不少，造成了漏气等不安全问题。如果您需要改管线，要找专业施工维修人员。六是不要把燃气设施包起来。装修房子的时候，为图美观，有人把管线、燃气表包起来，这样很危险，万一发生漏气无法维修。燃气表密封包装，漏气后要发生爆炸起火。七是燃气软管要定期更换。连接燃气管道与灶具之间的软管使用太久会老化开裂，导致漏气。一般来说，燃气管线和液化气瓶上的软管只能使用三、四年，应定期更换。八是家中长期无人时，要关好截门，防止漏气造成事故。

如果已经发生燃气泄露时，要注意四点：一是要保持镇静。打开窗户通风，让新鲜空气进来，把泄露的燃气排出去，使燃气达不到爆炸的程度。二是要马上关闭燃气总截门，切断气源。三是切断电源，不使用明火。当泄露的燃气与空气混合达到一定程度后，遇火星马上会燃烧或爆炸，所以，此时不要开任何电器。四是立即拨打有关电话。北京地区的用户可拨打 96777，由专业人员进行抢修。

2. 不可轻视旧家电隐患

家用电器的使用是有一定寿命的，超过使用寿命的电器会有使用上的危险。旧电视发生爆炸、过时洗衣机漏电伤人，使用那些超长服役的家电带来的危害时有发生。那么，到底一种家电的使用寿命有多大呢？几乎每个家电产品的使用说明书都没有标注出来，因此在购买商品的时候也应该享有了解产品使用年限的知情权。应尽快出台关于家用电器使用年限规定，以及旧家电回收处理的有关法律条文，帮助消费者认清家电进入淘汰期后可能产生的问题。只有厂家消费者和国家三方面都意识到应该科学的使用家用电器，适时淘汰旧家电这个问题，才能把隐患消灭在萌芽状态。

普通电视机的使用寿命 10 年至 12 年；　热水器使用寿命 5 年左右；
DVD、VCD 使用寿命 5 年左右；　　CRT 投影电视寿命 7 年至 10 年；
冰箱的使用寿命 8 年至 10 年；　　洗衣机使用寿命 6 年至 8 年。

3. 怎样预防电器火灾的发生？为什么家中要备灭火器？

夏天雷雨多、气温高、用电频繁，要从三个方面预防电器火灾的发生。一是降温。电视机收看三四个小时后关机半小时，待机内热量散发后再继续收看；空调器停止后间隔三分钟再重新启动。二是防潮。电视机、收录机、电脑等不能让雨水或其它液体淋到其带有散热孔的后盖上；吸尘器应尽量避免在潮湿场所使用，也不要用水洗涤其主体机身；电冰箱、空调等不能用水冲洗。三是避雷。打雷时尽可能关闭各类家用电器，并拔掉电源插头。

　　家中备只灭火器，应当说是预防为主的极好选择。

　　据消防部门权威人士介绍，1公斤重的干粉灭火机，可以扑灭室内发生的一般初始之火。火险发生之时，如果邻里之间，楼上楼下的居民齐心协力，把各家的灭火器汇聚起来，共同灭火，这样的自救起码对火势的形成与蔓延有一定的控制作用。有报道说，上海市区已有近百万户市民家庭配备了灭火器。每只灭火器的市场价格不到50元，但每户居民只需支付10多元，其余的由政府和生产厂家的赞助来分担。花钱不多，却为居民家中添置了消防器材，让人心中有了一种安全感。

4. 家庭火灾隐患有哪些，应常备哪些物品？

　　几乎所有的人都坚信自己的家里绝对不会发生火灾。然而在我们的社会生活中，无数事实又表明，每年确实有许多好端端的家庭惨遭火劫。据有关资料统计，在我国城市火灾中，居民家庭火灾占了很大的比例，而且多发于冬季。

　　家庭中潜在的火灾隐患有那些呢？一般说来可分为气、电、油三大类。所谓气，是指煤气、液化气；所谓电，则是电器线路和家用电器，其中又以家用电热器最危险；所谓油，是指有助动车的家庭会存有少量汽油，常使用煤油炉、酒精炉的人家，会备有火油与酒精。这些物品尽管存量较少，但其本身就是易燃易爆物品，除此之外，瘾君子的香烟头，直接就是"动用明火"了。

　　若想居家平安，必须遵循三条基本原则。一是用后关闭，二是人不离开，三是临睡时、出门时，要查看一番。具体说，不论是用气还是用电，用完后一定要关闭，而且使用过程中人不能随便离开，这对使用电吹风、电水壶、电热毯、取暖器等家用电器尤为重要。临睡、出门要查看，也是指要看一看该关的关了没有？如果这三条基本原则你记住了，做到了，并且持之以恒养成一种习惯，那么你也就能拒火灾危险于门外，确保天天平安。

家庭防火应常备的物品有：一是家用灭火器，二是安全绳，三是手电筒，四是防烟面具。另外，还有火场逃生面具。这种面具的过滤器能有效地滤除烟气中的有毒气体，有限时间可达15分钟。面具还有一个阻燃、隔热透明头罩，能保护逃生者不受热辐射的伤害，使逃生者能从容不迫地脱离危险。

国际上功能各异的救生器材与工具，大致可以分为以下几种：滑梯或滑道、逃生系统装置、绳、带、索、网。绳、带、索、网都是十分轻便、经常能看得见物品，只是略加改造成了人们高层逃生的必备救生工具。有的绳子一头系上了制动器，一头吊挂钩，使用时将挂钩吊在窗台或暖气管上，用制动器调节下滑速度。

美国研制了一种袖珍降落伞背带，附一付弹簧锁扣。使用时，将锁扣固定在物体上，套上背带下滑。日本有一种自垂救生索，它和建筑物的消防控制室连在一起，绳索则安装在每个窗的外墙上框部。一旦发生火灾，只要消防控制室一动作，这些绳索便自动脱垂，在各个窗口形成一条条救生路线。还有一种高层安全降落伞，尼龙网全长120米，发生火灾时，人们将安全网的一头绑牢，钻进网口，就可顺网徐徐降至地面。除绳、带、索、网外，还有救生空气袋垫，几十平方面积有大有小，共分两层，上层压力较小，人跳在上面不会反弹出去，能起到缓冲作用，以便从三四楼跳下时安全落地。

5. 遭遇火灾，如何求救？

据那些经历了火场自救的当事人说，之所以火海逃生，是因为面对火海与浓烟时保持了冷静，而后急中生智。这就表明，保持冷静是火灾突然降临时拯救生命的第一保证。做到：

不要留恋财物，尽快逃出火场，千万记住，既已逃出火场，就不要再进去。

不要盲目跳楼、可用绳子或把床单撕成条状连起来，紧栓在门窗档和重物上，顺势滑下。

　　若逃生路线被火封锁，立即退回室内，堵住缝隙，有条件的向门窗上浇水。火势不大要当机立断，披上浸湿的衣服或裹上湿毛毯、被褥，勇敢地冲出去。

　　如果身上着火，千万不要奔跑，要就地打滚，压灭身上的火苗。在浓烟中避难逃生，要尽量放低身体，并用湿毛巾捂住嘴鼻。

素语录：健康长寿的生活方式
早起早睡，中午小睡，按时吃饭，有劳有逸，定时作息。

第六章 素心——心气平和 事理通达

●怎样让我们的五官不透支？●

《道德经》说，缤纷的色彩，使人眼花缭乱；嘈杂的音调，使人听觉失灵；丰盛的食物，使人舌不知味；纵情狩猎，使人心情放荡发狂；稀有的物品，使人行为不轨。因此，圣人但求吃饱肚子而不追逐声色之娱，所以摒弃物欲的诱惑而保持安定知足的生活方式。（五色令人目盲，五音令人耳聋，五味令人口爽，驰骋田猎令人心发狂，难得之货令人行妨。是以圣人为腹不为目，故去彼取此。）

现代生活诱使近视率、干眼病。调查表明：我国中小学生的近视率每年以 8% 的速度增长，已居世界第一位。中青年人由于用眼过度，出现视疲劳和干眼症。许多人每周盯在电脑、手机、电视上的平均时间达 49 小时，眼睛酸胀、疼痛、流泪、干涩。此外，乱点眼药水以及光污染也是"帮凶"。为此，使用手机、电脑等电子设备时，1 个小时左右站起来闭闭眼，望望远处。常吃胡萝卜、南瓜、杏仁等护眼食物。家庭装修时避免光污染，少装镜子和玻璃饰品。

长时间戴耳机伤耳朵。武汉市中心医院耳鼻喉科主任袁琨曾接诊过一名总戴着耳机、常听着听着就睡着了的患者。有一天早上起来，这名患者突然什么都听不见了。另外，时常出入迪厅也是听力损伤的重要原因。

空气污染使过敏性鼻炎、鼻窦炎增长过快。汽车尾气以及空气中的粉尘，刺激鼻腔导致鼻炎。为此，应养成少抠鼻的好习惯，外出回家后洗手时，顺带洗洗鼻子。

饮料、甜点伤牙齿。现代人爱喝饮料、常吃甜点，导致人们的牙齿损伤及口腔溃疡比几十年前更严重。

"重口味、轻营养"陷入"现代富贵病"，不少人患上了高血压、高血脂、高血糖、胃病等疾病。现在，国人饮食的口味一年比一年重。多数餐馆为迎合客人，注重油腻、咸、辣。此外，快节奏的生活、压力过大，也导致人们的味觉"退化"。为此，尽量用蒸或煮的烹调方式，首选蒸、煮、炒类的素菜，少用爆炒煎炸烧类的肉食，并提醒厨师少放油盐。在家做饭时，自觉控制用油用盐量。尽量吃得简单，包括少工序、少分量、少佐料种类、少调味品。能生食的尽量生生吃。

第一节　平常心态　自我欣赏

贪心是祸、私欲是病。人患病，人丧命，与"贪"有关。哪一个惹祸之人，不是为了"贪"？某企业一女出纳员，一次将库款两千元据为己有，几个晚上担惊受怕睡不好觉，可过了一些日子发现"没事"，便手痒了，接着有了第二次，第三次……最后贪污了几百万元，自己将自己送上了断头台。临刑前，她醒悟了，她告诉朋友："贪心是祸。"

古人说：天下之福，莫大于无欲；天下之祸，莫大于不知足。说的是：天下最大的福气是没有贪欲，最大的灾祸是贪心不足。

贪欲、奢侈是永无止境的，本来习惯于骑自行车，见人家有小汽车，便心生不平，想办法也要弄一辆风光风光。见人家有别墅、有高级电脑、有时髦服装……心生嫉妒，心往仪之，为了将这些东西弄到手，不得不想尽办法去挣钱。"君子爱财，取之有道"，凭血汗取之，无可非议，花得也心安。问题在于有的人想钱想得发疯，走火入魔，便干出了种种不义勾当。眼下的世界处处充满了诱惑，而人要奢侈起来，可以说是永无尽头的。事实上，也必定有人比你富，比你强，于是你永远不会满足，你永远有苦闷、烦恼。

人的肉体和物质需要是有限的，美味佳肴你一天能吃几顿？吃多了还闹"富贵病"。名牌服装千种万件，穿在身上也只是一套，说穿了也只是保暖而已。

你有高级小别墅，占有多少套房，可晚上睡觉，其实只需要一张床。也许，我们永远不能改变生存的环境，但我们可以尝试去改变自己的生活方式。钱多钱少是相对的，活的开心就是富有。与其为烦恼所扰，何不让自己开心一点呢？所谓烦恼，诸多的时候更是一种心境状态，人如不知足，就永远在烦恼中。所以自古以来，一切贤哲都主张过简朴的生活，目的就是为了不当物质欲望的奴隶，保持精神上的自由。一个安于简朴生活的人，必定是淡泊于物质的奢华，必定能获得安详与幸福。

一个人到了心灵安详的境地，疾病少，灾害祸事也少。如果他有一个疑问，而肯不停地用安详心去思考，要不了多久，就会找到答案。一个心灵安详者，对国家、对社会有贡献，而不会是社会的包袱。一个心灵安详者，没有嫉妒，没有恐惧，他生活在满足中，生活在奋斗中，他的人生是幸福的一生。去贪就简、顺其自然，可使心灵得到宁静与解脱。

自我平衡，"差不多"好，坐豪华小轿车与打"面的"，有什么区别？也许，你觉得悬殊太大了；而我认为，在"赶路"上差不多，目的是到达某一地点。细究起来，如果豪华车是辆崭新的，密封程度高，那车体各部件散发的"化工气味"，对人体有潜在的致癌物——那么，坐"面的"有什么不好？

住高级宾馆与简易的房子有什么区别？目的是为了睡一个安稳觉。宾馆豪华的装饰，大多有化学放射性物质，对人体有害。当你得意地享受空调时，别忘了可能要患"空调病"，而砖瓦土屋、森林田野与人体有天然的亲和力，这就是为什么人们要逃离大都市到森林山沟去野居的原因。

大款、大腕、特权者，在星级宾馆里吃"龙"喝"凤"，平常百姓吃菜喝汤。两者互相比着，差不多也。吃"龙肉"肯定长不出"龙宝"，喝"凤汤"必然钻不出"凤毛"，与平常人家吃几片鳝鱼、喝几勺鸡汤并无什么差别——差不多也。差别在于精神上各自的感觉。考究起来，粗茶淡饭，有利于膳食平衡，营养价值也许更全面些。

这"差不多"不是阿Q的精神胜利法。阿Q的精神胜利法不承认客观上的差别，是一种自我麻醉。而我说的"差不多"是自我肯定，自我心理平衡，自找乐子，自我艺术地生活。"一切快乐的享受都属于精神的……洗一个澡，看一朵花，吃一顿饭，假使你觉得快活，并非全因澡洗得干净，花开得好，或者菜合你的口味，主要因为你心上没有障碍，轻松的灵魂可以专注肉体的感觉，来欣赏，来审定"（钱钟书文）。同样是过一辈子，欲望大的人花很大的力气，才能满足需求；而欲望淡薄的人，少欲少烦恼，便能够安稳地过一生。

欣慰平常，珍惜存在。常听到人发牢骚，埋怨抱屈，因自己的境遇不好而感到"心里不平衡"。分析起来，这些埋怨和牢骚就在于没有想到自己已经拥有的东西，而总是想着自己所没有的东西。比如，已经是"小款"了却为比不上"大款"而不高兴；已经住上二居室，却为不是三居室而忧愁……

对于我个人来说，我在物质上已很满足了。钱虽不多，但够花略有节余；有房住，有衣穿，有工作做；家庭和睦，夫妻恩爱，身体健康，事业有成……我真是知足了！比我小时候住茅草棚子，外面下大雨，屋里下小雨；吃了上顿没下顿，逼债人要揭家里的饭锅，不知要强多少倍！对于我个人来说，与我同时甚至比我年龄小得多的人，不少人升了职，做了官；不少人出国深造、旅游……对此，我不"眼热"，也从不懊悔。因为这种"比"，会无限制地膨胀个人私欲。面对他们，我会坦荡地"安慰"自己：我已经努力过了，我已经尽力而为了，我无愧无悔。我有我的事业，我能在业余时间里，从事自己喜欢的环保研究与养生保健。面对一篇篇发表的文章，面对着散发油墨清香的著作，一股自豪与自信之感油然而生。在这个世界上，只有文化具有持久生命力，而其它具有暴发户特征的浮躁之物，如过眼烟云。我已实现了我的人生价值，对于待遇上的不公，人事上的无奈，我顺其自然，不大放在心上。"躲进小楼成一统，管它春夏与秋冬"。我为自己已经拥有的而感到欣慰，我更珍惜自己已经拥有的这一切。呈平常之心养平常之性，生活简朴却很充实。

平常并非平庸。平庸是一种不思进取的惰性，是碌碌无为的虚掷人生；平常却是一种处事的从容，是自我价值的存真。欣赏平常，就是欣赏"天然去雕饰"的质朴；平常最能展示人的天性。过去的留不住，未来的难预测；留住现在当下、即是。平平常常，时时好心，便是好日子。时时保持心中的正念，找到一个支点，任何时候，任何地点都是吉祥的。这就是说，重视自己，发展自己，但又不去争夺什么位置。只要你自己感到舒畅，什么位置都是可爱的。你上班 6 小时有个自己的位置，6 小时以外你有一个更宽阔更随意的位置。这不是消极落后、与世无争，而是真正认识到自己，选择自己的人生方向。所以，保持良好的心理状态，呈平常之心，乐观通达的情绪，便有了养生长寿之道。

　　培养兴趣爱好，学会转移宣泄。当你遇到挫折，精神压力大时，如果你把注意力转移到其它地方去，便能保持自己的身心健康。要有意识地培养音乐、美术、体育、集邮、摄影、旅游、读书、看报、听广播……甚至种花养草、下棋玩牌等爱好，从中选择二、三项。当你遇到烦心的事时，你就可以把注意力转移到自己的兴趣爱好上面来。

　　音乐可以治病。一个医生给患胃肠神经官能症的病人开了张处方："德国巴哈乐曲唱片，每日三次，饭后用。"病人遵医嘱而行事，病就好了。书法可以强体。它可以活动手指、腕关节、平稳手和臂的力量。经常写字，气血畅通，精力旺盛，疾病也少。读书可以健身。读优美典雅的诗篇，有利于胃溃疡的愈合；读幽默小品之类的书，有助于神经衰弱病的医治；读小说能使病人精力集中，有助于病人的康复。我无法想象，如果不读书看报，怎么打发那难以驱遣的枯燥无聊的日子。甚至在单位办公室，那个嘈杂的无奈的地方，捧一本书一张报纸浏览着，心里也感到宽慰了许多——总有人议论张三、李四的短长，手里捧着书报，似听非听，自然少了许多是非短长。

　　如果在自己家中，布置一个书房，更是妙不可言。书籍不但给人以文化教养，还兼有对紧张心理迅速抚慰、消除的效果，哪怕是随意翻翻，也能起到暂时充电和解乏的作用。遇到不平、不满、吃亏的事要学会宣泄转移。俗话说，天上星多月不明，地上坑多路不平。这个社会叫人烦心、愤懑的事太多了！如果你想不开，你只会气死。人间社会，本身就是一个聚结天下一切不合理现象的集合体，你处在其中，若不会安忍，便只会自寻烦恼。例如宋代的苏东坡，他若不明白这个道理，恐怕不只是乌台诗案时自杀了，他一生简直可以自杀几十次了。苏东坡之所以能长寿，能著作等身，就在于他在逆境中，随遇而安，追求不止。

受了冤屈，受到了不公正的待遇，要学会转移。谁也打不垮你自己，能打垮你的就是你自己的不良情绪和不良行为。在这个世界上，你最难做的事情是战胜自己。人生难能可贵的是任劳任怨，忍辱负重。莫怕别人来毁谤，只要做得正，做得诚，任人怎么去毁谤，反而更能升华自己的人格。问心无愧，活得自在！

品尝"知足" 享受"过程"

快乐是人生最重要的价值，也是一种生活的态度。而那种经常抱怨生活，或者活在痛苦边缘的人，他们羡慕别人的快乐，也希望活出快乐，但总是跨不进那扇门。

压力害人，忧虑坏事。有很多人每天工作超过10小时以上，精神体力透支过度，几乎被工作挤压得透不过气，相形之下，休闲娱乐的时间似乎少得可怜。有些人之所以活得很累，直至身心疲惫，是因为他们"不知足"，不懂得停下来，才能享受人生的快乐。"不知足"的人是不懂得在工作和平常的生活中寻找快乐的人。因为在追求成功的途中，他们容易陷入一种迷惑，只着眼于目标，或只展望于未来。其实，奋斗的过程比成功的结果更有意义，奋斗之旅中的每一个过程，比达到目的地更重要。要享受成功的滋味，最实际的方法，就是学习享受每一个过程，从不同的角度去品尝人生乐趣。你能不能为自己找到"出走"的理由和时间，你能不能暂时脱离工作岗位，自己替自己放假。或外面旅游，或隐居乡间，或什么事也不做，只是悠闲地过日子。你能不能找到平衡的生活，你能不能重新检讨人生的价值，做一做自己想做的事？

生活中如果缺少了快乐，就如同饭菜中缺少了食盐一样，寡然而无味道。可惜的是，在忙忙碌碌的现代社会里，许多人的脑子里装着的只是金钱、地位等等世俗的"目标"。为了追求所谓的最大成功而殚精竭虑、用尽心思。这使他们总着眼于更多的欲望，更多的工作，永远没有满足的时候。自然就体会不到眼下生活的快乐，体会不到悠闲是一种幸福的享受，体会不到那种安静的、持久的、发自心灵的人生乐趣了。虽然拥有的最少，却最能心满意足的人，等于拥有最多。让我们品尝"知足"，享受"过程"吧。

素语录：纵情声色是现代人最大的健康隐患

生活恶习是最大的病根，纵情声色是现代人最大的健康隐患。病根去，健康来。

第二节　用音乐按摩心灵

美好的音乐可以松弛人们紧张的神经，可以疏泄压抑的情绪，可以抚慰焦躁的心灵。在对精神病的辅助治疗，对神经症的心理治疗，以及对各种身心疾病的治疗中，音乐都有着不可取代的疗效。

自古以来，人类就认识到音乐活动有助于身心健康。3万年前的原始人，以敲击石器伴奏舞蹈来治疗疾病；至今的非洲等地的原始部落里，巫师乐舞仍是治病的主要手段。

史载，4500年前，黄帝的祭祀大臣伶伦（又称洪崖先生），在梅岭凿井炼丹，斩竹做笛，创制音律，从而成为中国音乐鼻祖。《吕氏春秋·古乐篇》中有关"黄帝令伶伦作音律"的记叙。远在五千年前的黄帝时代，已由身为乐宫的伶伦制出并完善了我国的十二律的音乐体系。

相传，位于涞水县永阳镇北洛平村北的龙宫山上的庆华花塔之地，就是伶伦当年发明乐律、培训乐工、测试乐器音准的地方。因此，这里古称"乐坪"，山下4个洛平村也由此得名。历史上，每年农历正月初三伶伦诞辰日，人们就来到这里向塔上的砖雕"乐工"点笙对调，确保丝毫不差地将老祖宗伶伦创造的祭祀祖宗的"天音神乐"继承下来。如今，乐祖伶伦祭典、点笙对调仪式，被涞水县重新恢复，并将其作为春节期间各种文化活动的一个重要组成部分。

中国古代音乐将"乐与人和"、"天人合一"作为理想境界，通过音乐中和雅正的五音六律，促进人体阴阳平衡、气血调和、情志舒畅。我国早有用音乐进行治疗的记载，如《群经音辨》中的"乐，治也"。究竟中国的古代乐曲好到什么程度？弹琴吹箫到美妙处，百鸟来朝。不但天空中所有的飞鸟会来，而且百兽率舞，各种野兽也都会跑来，满山遍谷在那里随着乐声起舞，这就是古代音乐的力量！

音乐具有精神效应、联想效应和心身效应。音乐的节奏、力度、旋律、和声，可以不同程度地影响人的精神心理活动，特别是与人的生理节奏合拍。临床研究发现，通过特定的音乐频率、节奏产生的声波，能与人体组织细胞发生共振，调整由于压力而产生的机能失调。音乐治疗被广泛运用于失眠、头痛、心悸、焦虑、忧郁等疾病。

一般来说，音乐从两个方面来增进人的身心健康。一是用音乐调节情绪，一是以音乐陶冶情操。

用音乐调节情绪。一个人遇到不愉快甚至不幸事件，产生悲痛情绪时，可选择哀伤的音乐，使悲痛的情绪有所寄托；处于焦虑愤怒状态下的人，可选择激愤的音乐，使不安的情绪有所发泄。当音乐与人的精神节律同步，才易于与人的情绪产生共鸣，当音乐与人的情绪产生共鸣以后，就可逐渐变换音乐情绪，变哀伤为优美抒情，变激愤为轻松愉快。人的情绪在音乐的引导下，负性情绪得到发泄后，渐渐得到调整，而最终达到内心平静。因而，可选择不同情绪功能的音乐，也可选择专门制作用于调节情绪的录音带或ＣＤ片，还可以在音乐治疗师的指导下选用音乐。如果平时就有所积累，建立了自己的音乐库，就可以选择不同的音乐，来调节个人的身心情绪。

用音乐陶冶情操。首先要找到自己的兴趣点，如年轻人可能偏爱流行音乐，中老年人更喜欢一些经典老歌，还有一些人着迷于自己家乡的地方音乐。培养自己的音乐爱好，可以从自己的兴趣点入手逐渐扩展。兴趣越来越广，口味越来越雅，音乐鉴赏能力也就越来越提高。还可以在一些音乐欣赏手册或各种类型的名曲赏析的帮助下，去拓展个人的音乐视野。音乐积累的过程，会使自己的情操得到升华，心灵得到净化，生命更加充实。

运用音乐增进健康的方法不拘一格，可以在家里听唱录音片，可以到音乐厅去听音乐会；也可以自己参与演唱演奏。

随着社会竞争的加剧，人们压力的增加，人们心理问题越来越多，音乐对人们心身健康方面的作用会进一步加强。用音乐服务于人们的健康，简便易行，乐于接受。音乐是一个前景广阔，需进一步拓展的领域。

音乐自疗注意事项

（1）欣赏音乐要根据不同情况有针对性地选择：如进餐时，听轻松活泼的乐曲较为适宜，有促进消化吸收的作用；临睡前，听缓慢悠扬的乐曲，有利于入睡；工间休息时，听欢乐、明快的乐曲，有利于解除疲劳等。

（2）要结合个人的身体情况，选择曲目：如老年人，体弱者及心脏病患者，宜选择慢节奏的乐曲；年青人宜选择强节奏的乐曲等等。

（3）要根据个人爱好选择曲目：无论民族乐、管弦乐，还是地方戏曲，均以个人喜好为原则，其同样都能起到调节情志的作用。

第三节　不盲目攀比，想得开、看远点

眼下的社会，人心浮躁，充满了各种各样的物质诱惑。当有的欲望得不到满足，或达不到个人目的时，有的人便出现烦恼焦虑、愤怒沮丧。据统计，在心理门诊中，有越来越多的患者，大都是盲目攀比惹出的"心病"。人家有小汽车，我也要有；人家的房子宽大，我为什么这么窄小？人家升了官发了财，我为什么还是这个样子？发牢骚，出怨言；这也看不惯，那也不顺眼，甚至迁怒于他人。怒火攻心，伤肝伤脾，损神折寿。——既然是"人比人气死人"，为什么还要跟人家比？盲目攀比惹心病。

攀比心理和行为作为一种客观存在，本身并无过错，问题在于攀比的出发点和内容都是些什么。积极向上的攀比益于健康，益于工作。因为有比较才有进步，有目标才会去努力。但是消极病态的攀比却会带来不良的后果：有的人会因此而造成情绪障碍，吃不下饭，睡不着觉，工作起来无精打采，产生挫败感，从而使自己身心受到巨大的伤害。

在现实社会中，每个人在不同的人生阶段，大都会存在攀比心理。关键在于你持何心态。世界上身家亿万的富翁何其多，横向比永远没个边儿，因此最好纵向比，也就是说跟自己的以前比。不要不顾自己的实际能力而过高要求自己，凡事要量力而行。"一件事，想通了是天堂，想不通就是地狱。既然活着，就要活好。"有些事是否会引来麻烦和烦恼，完全取决于我们自己如何看待和处理它。

人生本来就有酸甜苦辣，人生没有万事如意。把工作的难点当成增进才干的亮点，工作就能成为享受，苦难便能变成快乐。盲目的攀比，激起怨气怒气，非但无益，而且首先伤害的是自己，气血不通，不通则痛，心痛导致身痛，什么样的疾病都会出现。"没有着急，没有烦恼，就没有高血压"。常怀宽厚心、感恩心，努力进取之心，有这样的心态，你的身体就会好起来。

减少不必要的欲望，心宽才能体健。人的健康长寿固然是由多种因素决定的，但减少不必要的欲望，这确实是延年益寿的一个不可或缺的"处方"。凡人都有各种各样的欲望。有欲望才会产生动机和动力，促使人们不断努力奋斗。但同时也要对欲望有所节制，不可太多，如超越了自身的条件和能力就会产生烦恼，由心病而导致身病。

心理要平衡、心态要平和，要想得开、看得开。在一个浮躁、急躁、烦躁流行的社会，一个好心态真正成了健康、长寿、幸福的金钥匙。遇事莫大喜大悲，大惊大恐，而是冷静看待，理性分析。"宠辱不惊，闲看庭前花开花落；去留无意，漫观天外云卷云舒"。

俗话说，"舍得、舍得"，只有舍去了那些不必要的欲望，才能得到心平气和，身心通畅，才能吃得香、睡得着。这就是说，要健康长寿，应该淡泊名利，宁静致远。古人有"少思、寡欲，清静为天下正"教诲。一个人如果少情欲，则不会为情所乱；节物欲，则不会贪污、盗窃、抢劫；少官欲，则不会逢迎拍马、追逐名利。很多事情看得淡些、看得开些，把压在健康上的石头（名缰利锁、钱财权势）卸掉一些，才能获得轻松自在的心灵，才能减少诸多苦恼烦闷——这无形中化解了心理危机，延长寿命便成为可能。

许多人的烦恼并非由多大的事情引起，而是来自对身边一些琐事过分在意和"较真"。我们活在这个世界上只有几十年，却为纠缠无聊琐事浪费了许多时光。过于在意琐事，会影响自己生活的质量，使生活失去光彩。这就需要我们换种思维方式来面对眼前的一切。不在意，就是别总拿什么都当回事，对那些鸡毛蒜皮的小事不要总挂在心上；别太要面子，不要过于看重名与利的得失；不要为一点小事着急上火，动辄大喊大叫，以致因小失大，后悔莫及；别那么多疑敏感，曲解别人的意思；别夸大事实，制造假象。当然，不在意并不等于逃避现实，不是看破红尘后的消极遁世。而是在奔向人生大目标途中所采取的一种洒脱、旷达、飘逸的生活策略。即大事清醒，小事糊涂，倘能如此，你自然会身体健康，活得自在。

不盲目攀比，也就是说，不要处处显得比别人优越，不要给自己背上比别人强的包袱。淡泊而宁静，知足者而常乐。正如健康面前人人平等一样，快乐面前也是人人平等。快乐是自己找的，痛苦也是自己找的。生活在社会中，人与人之间不可能不比较。理性对比，比出向上，比出快乐；盲目攀比，比出怨气，导致疾病。"春有百花秋有月，夏有凉风冬有雪，若无闲事在心头，人间都是好季节。"与其天天痛苦，不如天天快乐，换一种心态就行了。让我们学学陶行知先生的"每天的四问"，自己跟自己纵向对比，也就是说跟自己的以前比较——

第一问：我的身体有没有进步？第二问：我的学问有没有进步？
第三问：我的工作有没有进步？第四问：我的道德有没有进步？

六神有主，不被"怪、力、乱、神"所乘

古有名言："阳消则阴长"，正气衰退，则杂乱祸侵，煞气浸淫，于是病魔、酒鬼、烟鬼、色鬼，交相为祟，而百病丛生矣！人该有"敬鬼神而远之"的观念，才不致于被"怪、力、乱、神"所乘。

人应有得而不喜，失而不忧的坦荡。天有不测风云，人有旦夕祸福。世上有许多事情的确是难以预料的，人生本来就是失败与成功的混合体。面对成功与荣誉，不要狂喜，更不能盛气凌人；面对挫折或失败，不要忧伤，亦不要自暴自弃。能坦然面对失败和成功的人，才是一个智者。得而不喜，失而不忧，一个人能够达到这样的境界，才是一个六神有主的智慧人。六神有主，心不为所迷，则无疑无惑，心神安定矣。

第四节 让心灵悠游于平和自由之境

当年，从战败后废墟中走出来的日本人，为了摆脱穷困，拼命地工作，希望生活得富足一些，这本来是自然而然、无可厚非的事。但凡事须适度，犹如一辆载满物质欲望的列车，顺着坡道滚滚前进，把一切传统文化和精神都辗到车轱辘下面的话，这就是民族灾难了。当初为了追求利润，只要技术上允许，就无限制地扩大生产，没有人会怀疑这种经济效益至上的做法最终会造成什么后果。

由于日本经济模式的成功，自负的满足将一些日本人引上了唯财富、唯物质的道路。忽略精神世界的追求，使许多人自私、冷漠，缺乏正义感和道义的激情，社会问题严重。过度劳累死、自杀、青少年受虐待等统计数字居高不下。日本夫妇离婚、同性恋、吸毒等现象日益普遍。成年人和儿童一样沉溺于庸俗的漫画、电子游戏，年轻一代狂热追求名牌服饰及高级用品，亲情淡漠，前途茫然……至于奥姆真理教那样的邪教的出现和沙林毒气事件，更使习惯于良好治安环境的日本人陷入人人自危的境地。

战后50年代，私人小汽车被看作是生活富裕美满的象征。然而时至今日，马路上车流滚滚，带来的只有空气污染、交通阻塞和噪音干扰。再高级的电视机，播放的节目却是些空虚而又庸俗的娱乐节目；高级电器和时髦汽车对海外的大量倾销，回报的只是对日本的敌视，被人称为"经济动物"——贸易盈余究竟给日本人带来了什么？

生产并不只是为了人的幸福，却不断高速运转，物质财富大量堆积，人们陷于物欲不能自拔，最终导致在物质丰富的同时心灵的沙漠化；人们不但没有登上幸福的彼岸，而且似乎连渡水的舟筏也失去了。这一切的发生，令人震惊，同时也引人深思；要真正回归人的本性，就必须重新反省生活的本来意义究竟是什么——从而也就有了中野孝次所著的《思想清贫》这样一本有格调的书。这正是生活在物质过剩时期，现代人认真反思生活本质的良好契机。中野孝次怀着喜悦的心情，在书中描述了日本历史上一些古典人物，他们分别是写作俳句、和歌的文人、僧人、画家、旅行者、隐士，都是日本家喻户晓的名人：西行、兼好、光悦、芭蕉、池大雅、良宽等。他们的思想有一个共同之处：认为生活应尽量简朴，摆脱物欲缠绕，让心灵悠游于平和自由之境，那才是人生高尚的境界。在这里，所谓"清贫"不是"贫穷"，而是主动放弃多余的物质追求，在简单、朴素之中体验心灵的丰盈充实，追求广阔的精神空间。

仅仅靠物质的丰富与物质文明的发达，并不能使人类得到幸福。相反，忽视人的心灵需要，会导致人的"异化"——人不再是原来意义上的人，而成了"消费者"。西行、兼好和良宽们，放弃了俗世的权益和金钱，在舍弃中发现并且得到了真正的喜悦。而当代日本人亲身体验了物质过剩的种种弊端，从而认知了为物欲所惑的无益。"我们这些愚顽的人，为了这发现竟然花费了战后整整 40 年。"（中野孝次语）。

重视自己心灵世界，就像一位诗人所说"生活在地上，思想却在云端"；现实生活简朴，而让心灵悠游于风雅的精神世界中，这才是一个人高尚的生存境界。是的，人的物质需要并不多，袋里有米，炉边有柴，身上有衣——还要什么？被物质所控制，何其愚蠢！既然物质的丰富不能给我们带来真正的幸福，那么我们就需要对自己负责，用自己的意志去重构一种属于自己的生活方式。

《思想清贫》中列举的日本先贤的思想与生活方式，可以视为纯粹的为灵魂而活的典范。如果今天的日本人，能继承祖先遗留的传统文化，具有人类的忏悔意识，哪有什么与周边国家的纷扰纷争？

记住十大恩

有些人为什么会忘人大恩，而记人小过呢？人的本能往往把拥有的视作应该，对失去的却耿耿于怀，哪怕是一点失去。所以与人相处需要克服自私的本能，多站在别人的角度想问题。为此我们要记住十大恩：（1）父母养育之恩。（2）夫妻体贴之恩。（3）兄弟手足之恩。（4）遇险救命之恩。（5）良师培养之恩。（6）急难相助之恩。（7）伯乐推荐之恩。（8）指点迷津之恩。（9）上司提携之恩。（10）天地精微之恩。人的衣食靠天地之精华，享度一生。爱护环境，保护动物，即报天地之恩。

素语录：幸福家庭的标志
父义、母慈、兄友、弟恭、子孝；内平外成。——摘《史记》

第五节　剖腹产，不利于孩子的健康和情商

在医学高度发达的今天，剖腹（宫）产作为解决难产、母婴并发症的一种特殊的、辅助性的手段还是可行的。但是这一应急的、特殊情况下采取的手段却成了眼下流行的、替代自然分娩的医疗手段。现代人越来越不信任大自然，并以反大自然为荣，从而破坏了上百万年人类形成自然分娩的秩序性和神圣性。统计资料表明，上海地区剖腹产在20世纪五六十年代不过1%，到了2002年个别病区甚至达到100%剖腹产。

1996年世界卫生组织针对剖腹产上升的世界性倾向，提出了以保护、支持自然分娩为中心的"母爱分娩行动"，呼吁不要在分娩过程中过多地用现代技术手段去加以干涉自然生产。剖腹产的危害如下——

（1）损伤产妇的经脉。人体七经八脉、十二正经，除了带脉，都是纵向的。那么，这一刀下去，经脉会受伤。老话管这叫漏了气了。别的不说，伤气血是一定的，所以剖腹产的母亲恢复起来很缓慢，个别有些自身元气不足，气血虚弱的，从此身体一蹶不振。自然生产的过程，产妇虽然痛苦一些，但是一旦完成分娩，产妇的身体恢复得快。一般来说，三五天左右即可出院。而剖腹产的出院周期大约需要七八天，出了院，过段时间还要去医院复查刀口。

（2）剖腹产产妇死亡比例高。腹部手术出血量要比自然分娩者多一至三倍，产后恢复也较慢。据瑞典统计显示，剖宫产术致使产妇死亡比例比自然分娩导致死亡率高出12倍。之所以现在流行剖腹产，这与某些医院对自然分娩与技术（手术）产实行不同收费有关。有的医院发展到了医生干脆直接动

员产妇做剖腹产手术。

（3）"剖腹产儿综合症"，导致孩子抵抗力差。自然分娩时，婴儿经宫缩挤压与产道正常碰撞，中枢神经系统受到良好刺激，头部血液充沛畅通，可促使大脑发育。此外，自然分娩的婴儿，经产道多次挤压的考验和锤炼，在日后生长发展过程中对外界环境适应能力较强。相反，剖宫产婴儿呼吸较困难，体内免疫因子含量明显低于自然分娩产儿。因此，剖宫产婴儿抵抗力差。剖腹产的小孩儿没有经过产道的挤压与刺激，免疫系统和肺部发育都会受到一定的影响，后天就更容易患呼吸系统的疾病，如小儿肺炎、哮喘等病症。

（4）剖腹产对孩子肺功能发育有影响。中医讲究气血，而肺主一身之气，肺气足的人，魄力大，精神状态好。当孩子一出生时，就从母腹中的腹式呼吸转换成肺部呼吸，肺功能开始启动。自然生产很好地挤压掉了肺内的污浊之物，宣开了肺气，这对孩子后天的生长发育有好处。

"十月怀胎，一朝分娩"，自然分娩强调的是顺其自然。若发现骨盆狭窄、胎位异常等危及母婴生命的情况，这时才求助于剖腹产手术。这才是人道主义化的技术。剖腹产只是一种应急措施，恰如奶粉和代乳品也是一种应急措施，并不能代替母乳喂养一般。

上百万年来，大自然造就了人类生存、生殖、繁衍的本能，使得女子的身体结构有利于分娩，如骨盆宽大等。怀孕后，孕妇体内还能分泌出一种"松弛素"，使骨盆关节松软，以增加盆腔容量。人类的分娩是一种自然生理过程，母、婴都具有这种本能与默契配合的能力。《产科心法》指出："足月而临盆，瓜熟而蒂落，本无惊恐之忧"，说的就是顺应自然的行为。

素语录：世事六然

凡事顺其自然，遇事处之泰然。得意之时淡然，失意之时坦然。艰辛曲折必然，历尽沧桑悟然。

第七章　探讨素生活

●── 低头是一种"素生活"的智慧 ──●

　　许多人不屈服于自己的命运，这种拼搏精神值得赞叹。但却有一个误区，就是只注重往水杯中加水，不注重把杯子变大和减小漏洞，加的水还不够漏的——什么时候是个头！

　　杯子是指人的心量：心量越大，杯子越大。水是指人的德行，行善积德是往杯中加水。漏洞是指人的缺点：缺点越多，问题越多，漏洞就越大，流出去的水越多。要想掌握自己的命运，就看你：是加的水多还是漏的水多了。你是否：扩大心量＋多行善事＋改正缺点＝改变命运。

两位作者探讨素生活。左一为舒惠国、右一为石中元（摄于北京延庆淡泊湾书斋）

　　布袋和尚说，手把青秧插满田，低头便见水中天。心地清净方为道，退步原来是向前。

　　低头是人生智慧。做人不可无傲骨，但也不能总是昂着头。君子之为人处世，犹如流水一样，善于便利万物。能低者，方能高；能曲者，方能伸；能柔者，方能刚；能退者，方能进。我小时候，看见庭院前的向日葵低垂着头，便突发奇想，找来绳子和竹杆，将其中一棵向日葵固定起来，让它昂首挺立，能够更好地吸收阳光，颗粒也一定更加饱满。到了秋天，向日葵成熟了，那棵固定起来的向日葵空空如也，还散发出一股霉味。父亲笑着对我说："傻孩子，你是好心帮了倒忙。其实，向日葵略微低头，是为了表达对太阳的虔诚与敬意，也是为了保护自己，虽然向日葵不会说话，但它们与生俱来就知道，要想在世上生存，就要懂得适度低头。"后来，我通过观察发现，不光是向日葵，许多其他植物也都明白这个道理。比如，当谷子青涩的时候，它们总是昂首挺胸，一副无所畏惧的样子；可当它们成熟的时候，却总是谦逊地低垂着头，一副与世无争的样子。因为这样不仅可以有效地避免被折断的危险，而且还让鸟儿找不到着力点，从而保存了自己的果实。

　　——原来，低头也是一种大境界、大智慧。原来，"素生活"就是低头的智慧——"心地清净方为道，退步原来是向前"。

第一节 "素"在行为上的体现——"慢生活"

1. 为什么要过慢生活

"素"在行为上的体现，便是"慢生活"，然而我们太忙，有时候忙到没有空休息，没有空快乐。在以"数字"和"速度"为衡量指标的今天，不少中国人以"时间就是生命，时间就是金钱"为信条。"忙"这个字左面是心，右面是亡。人太忙了，心就死了。生活节奏太快了，便出现了"生命中不能承受之快"——许多人因忙碌而处于亚健康状态。"当我们正在为生活疲于奔命的时候，生活已经离我们而去。"是的，欲速则不达。当过劳死、抑郁症笼罩着现代社会时，当焦虑渐成"流行语"时，不得不让人反思：要慢下来！快，让我们感觉累。学着放慢脚步，让自己不至于太辛苦，这样才能在工作和生活中找到平衡的支点。

有时候，我们慢下来所需要的时间并不多，但当你真的慢下来，才能品味生活的美好。一碗热豆浆，5 分钟喝完与 15 分钟喝完的区别是：滋味。你给味蕾时间，味蕾才会给你真滋味。同样，你给生活一些时间，生活才会回馈给你健康。

慢生活并不是将每件事都蜗牛化，而是该快则快、能慢则慢。慢生活并非散漫和慵懒，而是自然与从容。慢生活是相对于当前社会匆匆忙忙的快节奏而言的一种生活态度。这里的"慢"，是一种意境，一种回归自然。

如何慢下来？下班回家后，就应该转入慢节奏，慢慢地做家务，慢慢地品茶，慢慢地带孩子，跟上班的时候应该要有明显不同的节奏，这样让人体的能量节约下来。现在，越来越多的人在体验"慢生活"。慢餐饮：吃饭时不接听手机，不查看电脑，在轻松的环境下细嚼慢咽，品尝饭菜。慢阅读：放慢阅读速度，对于精典著作或自己感兴趣的书报，可以多看几遍，沉浸在书籍的氛围中，带来更多心灵上的愉悦。慢运动：选择太极拳、气功、瑜珈、散步等适度舒缓的运动，比猛烈运动对人体更有益。慢工作：不是学着偷懒，而是要专心于一项事情，把精力能力集中在一个点上，逐个突破，有节奏有计划逐个去完成工作。从慢吃到慢聊，从慢慢购物到慢慢休闲，慢游族的享受方式应有尽有。那么总的原则是有快有慢，有紧有松，有忙有闲。

"慢生活家"卡尔·霍诺指出，"慢生活"不是支持懒惰，放慢速度不是拖延时间，而是让人们在生活中找到平衡。"当然，工作重要，但闲暇也不能丢。"

慢生活，是一种"乐活"，一种自信。慢一点，再慢一点，让身心跟上你的脚步。是的，无论多忙碌，你都要清楚，活到最后，我们都是为快乐而活，而不是因为工作而累死累活。只有慢下来，这个世界美的景色才会如帷幕一样为我们缓缓拉开，也只有慢下来，那颗躁乱的心才会平静下来，才能体会到人生的美好。

慢生活是相对于当前社会匆匆忙忙、纷纷扰扰的快节奏生活而言的另一种生活方式，这里的"慢"是一种轻松和谐的意境，随之出现了新名词"慢城"。2010年10月，随着世界"慢城"联盟主席皮艾尔乔治·奥利维地来沪参加第三届中国国际乐活论坛，"慢城"这个概念在江苏省南京市高淳县传布开来。江苏省南京市高淳县成为中国第一个"国际慢城"绝非偶然。前来品味慢生活的外地客发现，50平方公里的慢城山拥水抱，宁静秀美，生活在这里的人们气定神闲、从容平和……

2. 亲近自然，顺应自然的"慢生活"

慢式运动能提高生活品质，那种形式上的慢速度、慢动作，所带来的是内心本质加速度地放缓。如今，无论是在忙碌的美国还是在浪漫的澳洲，一种"每天一万步"的健身方式相当流行，医学研究表明，每天步行 1 小时以上的男子，心脏局部缺血的发病率只是很少参加运动者的四分之一。

学会"慢饮食"。细嚼慢咽可以使唾液分泌量增加，唾液里的蛋白质进到胃里以后，可以在胃里反应，生成一种蛋白膜，对胃起到保护作用。所以，吃饭时细嚼慢咽的人，一般不易得消化道溃疡病，细嚼慢咽还能节食减肥等等。

"慢游族"出游倾向于选择度假式的休闲旅游线路，他们一般不会选择一天之内跑三四个景点的跟团游，而是随心随性地停停走走，走走停停，每到一处，放慢脚步，欣赏路边的风花雪月。慢活方式，可以让人们享受旅游过程中的快乐，而不是真达目的地。

对慢游族来说，把精力更多放在生活新理念的追求上；穷游的人，也能随心所欲的行走。买个 IC 卡坐公交车代步，住便宜的家庭旅馆，吃饭专找当地人聚集的小食店。让生活慢下来，让心灵静下来，让一颗忙碌的心有所依托。慢游——对于长期处于快节奏生活压力之下的人们，有着不可抗拒的诱惑力。

3. 今天，你"素"了吗？慢了吗？

中国的文化人大都喜欢陶渊明的田园诗："结庐在人境，而无车马喧。问君何能尔，心远地自偏。采菊东篱下，悠然见南山。山气日夕佳，飞鸟相与还。此中有真意，欲辨已忘言"。陶渊明纵情山水，躬耕自食，与稻麦桑麻为伴，过粗衣淡食的生活，去探索人生的真谛，寻求个人安身立命的场所，令人难忘。他的《桃花源记》描绘："林尽水源，便得一山，山有良田美池桑竹之属，阡陌交通，鸡犬相闻。"这里，因为大自然的田园风光如此之美，人的心情变得从容淡然，竟然连时间都忘记了，不知今昔是何世，为人们所向往。

作家米兰·昆德拉曾在书中提问："慢的乐趣怎么失传了呢？"他感慨道："古时候闲荡的人到哪里去啦？民歌小调中游手好闲的英雄，漫游各地磨坊、在露天过夜的流浪汉，都到哪里去啦？他们随着乡间小道、草原、林间空地和大自然一起消失了吗？"再看看时下的社会，越是在大城市，"快"就越是一种躲避不开的洪流——饮食"快餐化"，娱乐"快餐化"，甚至连感情也成"闪婚"了。"快餐化"了的人生是悲凉的人生，是变异了的"空心人"。

"慢生活"与个人资产的多少并没有太大关系，也不用担心会助长你的懒惰，因为慢是一种健康的心态，是对人生的高度自信，是一种随性、细致、从容的应对世界的方式，让你更优雅，更接近幸福。眼下，大部分国人还不具备"慢生活"的条件，但"慢生活"的理念可以贯彻到生活中去，在休闲时你可以实现慢节奏、慢饮食、慢心态……

是时候停下脚步，慢慢地享受生活了。通过自己的时尚简约，享受亲情、爱情与友情；享受树木、云霞与溪流；享受音乐，绘画、书法、读书、旅游……将身心融入慢生活之中，让我们"诗意地栖居在大地上"。

素语录：见素抱朴

老子曰："见素抱朴"。见：现，呈现，推出。素：没有染色的生丝。比喻纯洁高尚的人。朴：没有加工的原木。比喻合乎自然法则的社会法律。"见素抱朴、绝学无忧、少私寡欲"见《道德经》。

4. "健康工作奖"——令人赞赏

英年早逝，令人扼腕。一份资料显示，中关村的企业家群体的平均寿命仅有 53.34 岁。在公布的《中关村优秀企业家健康报告》中，颈椎增生、骨质疏松、脂肪肝，这些常见于 50 岁以上人群的疾患，却出现在了平均年龄只有 41 岁的第二届中关村优秀企业家和优秀创业者的身上。这些叱咤风云、纵横捭阖的精英群体，没有输给竞争对手，却输在了自己手里。其中折射出的健康问题的确不容忽视。

据调查显示，绝大多数人把自己的不健康归结于工作繁忙，需要挣钱获取财富。常听到有人说："你要钱不要命了？"其实，财富与健康的关系并非"鱼和熊掌不可兼得"。我们既可以去创造财富，又可以保重自己的身体健康，关键是要重视这个问题，培养健康的生活方式。有一万个借口可以说没时间去"健康"，但有一个理由是：不健康你将失去一切。没有健康，任何财富都将失去价值。我们在勇于承担社会责任的同时更要善于保养自己，这也是对家庭和社会的一种责任。

中国健康教育协会会长殷大奎说："我想纠正一个观念：我们的企业家、公务员，不要带病工作，身体不舒服了，不要硬扛，一定要适时休息，或者去医院看看医生。而且我主张轻伤要下火线，绷得太紧的弦总要断的。长久以来，忘我工作者是全社会的楷模，却不知这种透支生命式的奋斗促成了多少英年早逝"。那些为带病坚持工作的人、常年加班加点的人、轻伤不下火线的人——这种把工作放在第一位的模范人物的精神让人敬佩。但科学常识告诉我们：身体要是垮下来，工作不可能上得去；拥有健康的身体，才能更好地工作。在营造一个鼓励"健康工作"的氛围上，有一些事情值得可贺。报载（见人民日报 2005 年 1 月 13 日）：江西省瑞金市解放小学开了一个特殊表彰会，向 10 多年来一直无病史、无病假、无心理障碍、健康工作、成绩优秀的 10 名教师，每人颁发了 2000 元"健康工作奖"。解放小学设立"健康工作奖"，体现出学校对教师的关心与爱护，有利于形成工作不忘健康、健康促进工作的良好互动局面。意在提倡一种"健康工作"的新理念，引导教师辛勤教书育人的同时，还要保护好身体这个财富的"本钱"——"健康工作奖"，令人赞赏。

我们以工作忙为借口，很吝啬给自己的健康一点时间。长年累月的忙忙碌碌，到了老年，到了退休以后，等到浑身上下都是毛病之后，才想起来去保养身体，这是不是有点晚了呢？都说医药费太高，都说现在越来越看不起病了，你就更应该关心自身的健康，每天有意识地锻炼身体，尽量少生病、防大病。人不死，钱财在——每天锻炼身体就是赚钱，比你现在不顾身体健康去打拼挣钱获算。

人人都希望能自然死亡，不希望提前逝世，也就是人们常说的："不怕挣得少，就怕走得早"。21 世纪流行三大话题：健康、美丽、财富。首先是健康，有健康的身体，有精、气、神，才有风采，才显得美丽。有健康的身体，才能胜任繁忙的工作，才能赚钱，才有财富。诚如美国著名作家爱默生所言"健康是人生的第一财富"。

素语录：尝试慢生活

慢，是快的基础，习惯慢生活，才能够准确找到定位而不会迷失人生的方向。

不给生命加急，尝试慢生活。慢生活让人记忆力好、思维敏捷、动作灵活、步态稳健、精力充沛。

第二节　衣食住行中的素生活

衣

（1）少买不必要的衣服。服装在生产、加工和运输过程中，要消耗大量的能源，同时产生废气、废水。每人每年少买一件不必要的衣服，如果全国每年有 2500 万人做到这一点，可以节约 6.25 万吨标准煤，减排二氧化碳 16 万吨。

（2）不购动物皮革制品，以免危害野生生物；衣服多选棉质、竹纤维、亚麻和丝绸，不仅环保时尚，而且优雅耐穿。

（3）用手帕代替纸巾。纸巾是树木的产物，请在口袋里预备一块手帕。

（4）把旧衣服改装翻新，省钱省料；提倡穿二手衣服，例如哥姐衣服给弟妹穿。

（5）每月手洗一次衣服。如果全国 1.9 亿台洗衣机每月少用一次，每年可节能约 26 万吨标准煤，减排二氧化碳 68.4 万吨。

（6）让衣服自然晾干，尽量不用烘干机；干洗衣服，慰烫衣服，费电费时，污染环境，可免则免；衣物储积多了再开洗衣机，省水省电省工夫；洗澡时用淋浴少用浴缸……

（7）用节能洗衣机。如果全国每年有 10% 的普通洗衣机更新为节能洗衣机，那么每年可节能约 7 万吨标准煤，减排二氧化碳 17.8 万吨。

（8）减少住宿宾馆时的床单换洗次数。床单、被罩洗涤要消耗水、电和洗衣粉。如果全国 8880 家星级宾馆采纳"绿色客房"标准的建议（3 天更换一次床单），每年可综合节能约 1.6 万吨标准煤，减排二氧化碳 4 万吨。

素生活是绿色低碳的延伸，或者是更为"量化"的低碳生活。在这里顺便说一个"素面朝天"的小故事：说的是唐朝杨玉环的姐姐虢国夫人，也是天生丽质，对自己的美貌十分自信，从来不在化妆品上浪费钱。即使进宫觐见唐玄宗，也只是淡淡地化一下眉毛而已。一个叫张古的人看不下去了。他想：你一个虢国夫人老往皇宫跑，有什么企图？就算你没什么企图，面见圣上，大宝总得抹一点吧。于是，张古写了一首嘲讽诗：虢国夫人承主恩，平明骑马入宫门。却嫌脂粉污颜色，淡扫蛾眉朝至尊。从此，就有了素面朝天这个成语，这里的"天"不是天空，而是指天子。素面朝天专指不化妆的女性。美貌自信的成功女士，淡妆就敢出头露面，因为她们"腹有诗书气自华"。

食

（1）出门自带喝水杯，卫生健康，还减少使用一次性杯子。少使用一次性牙刷、一次性水杯、一次性的餐具；多用永久性的餐饮用具。

（2）添加剂（色素、香精）的饮料及食品，对人体有害，避之则吉；尽量不喝碳酸饮料。常吃新鲜水果。

（3）尽量用散装佐料、散装茶叶、散装食品，少购过度包装的物品。尽量买本地、当季产品。减少运输和包装的耗能。

（4）过量肉食伤害动物、伤害自己、伤害地球。以素食为主，常吃蔬果少吃肉；创造条件自己种植蔬果，益身心、有收获。

（5）母乳喂养少儿壮，少买包装饮料及婴儿食品；夏日自制饮料，郊游自备水壶，卫生健康又省钱……

住

（1）早睡早起，多利用天然自然光，离开房间时关掉电灯和空调。

（2）住宅使用太阳能，既节约煤电，又减少了开支。

（3）多用藤、竹等自然物料家俱，少用塑料等化工用品，可节约大量木材。

（4）绿化阳台居室，用鲜花绿草消除异味，代替化学空气清新剂；室内外种花养草，可使周围阴凉，减少开空调的次数；若不是太热，用扑扇（芭蕉扇）或电风扇，代替空调，可提高自身的耐热能力。

（5）绿化不仅仅是植树，在家种些花草，既美化了小环境，又增添了生活情趣。

（6）尽量减少烟花爆竹的燃放，避免空气污染，保持安静祥瑞……

行

（1）外出尽量步行，或选择公共交通工具，少开私家车。

（2）如果距离单位不远，步行或骑自行车上班，你将收获沿途风景和健康的身体，你还为拥挤的交通做出了减负的贡献，何乐而不为？

（3）少乘电梯，步行高楼能健身；提倡太极、踢球、打球、慢跑、散步等低碳运动。

（4）选购小排量汽车。如果全国每年新售出的轿车（约382.89万辆）排气量平均降低0.1升，那么可节油1.6亿升，减排二氧化碳35.4万吨。

（5）如果堵车的队伍太长，还是先熄了火，尽量不要"热车"，减少排放……

用

（1）减少使用化学清洁剂或杀虫剂，使用丝瓜瓤、皂角，葫芦等天然的与人体有亲和力的生活用品。

（2）学会重复利用水，比如淘米水用来洗菜洗碗，洗完菜的水用于浇花，冲厕所；洗衣服的水可以洗拖把。刷牙时，关上水龙头；用淋浴代替盆浴。

（3）用过的面膜纸不要扔掉，可以擦首饰、皮带、家具，不仅擦得亮还能留下面膜纸的香气。

（4）选用有环境标志节能的电器用品；多用尿布，少用一次性婴儿纸尿片，减少垃圾。

（5）做一名"换客"，把自己不需要的物品和别人不需要的物品进行交换。

（6）建立节省档案，把每月消耗的水电煤气记记账，做到心中有数……

工作

（1）没必要一进门就把全部照明打开。养成随手关灯，随手关闭电器电源的习惯，做一个现代文明人。

（2）节省用纸，必要时才影印或电脑打印；每张纸写两面，旧信封可再用；用再生纸及其它可循环再生的办公用品；用电子贺卡代替纸制贺卡或购买再生纸制作的贺卡。打印文件用双面，等于挽救了一半原本要被砍伐的树木。

（3）有毒的办公用品如涂改液、喷雾剂，尽量少用；；凡是"用过即丢"的物品尽量少用，减少浪费。

（4）关掉不用的电脑程序，减少硬盘工作量，既省电也维护你的电脑；如果只用电脑听音乐，显示器可以调暗，或者关掉。

（5）尽量把工作放在白天做，充分利用太阳光。早睡早起，没病惹你。

（6）用太阳能制品，例如太阳能计算机，太阳能热水器；支持绿色环境倾向的报刊电台、机关厂校，做一个环保志愿者……

读书

养成购书习惯，不读书的民族没有精神信仰。日本 80 后作家加藤嘉一在他的《中国的逻辑》书中写道：以第三只眼看中国，中国的知识非常廉价，中国人不把读书当回事，一本书的价格还不如星巴克的一杯咖啡，中国的物价、房价都在涨，唯独书价不涨。他认为，只要中国人不爱书，不论经济怎么发展，都是可以小瞧的。是的，加藤嘉一的嘲讽，值得我们深思。一个不读书的民族，是一个没有精神信仰的民族，如同没有根的浮萍一个不读书的人，是一个没有生活目标的人，如同行尸走肉。

世界滑入了一个急功近利的时代，由于"实际"，许多人不读书、不看报，只知道吃喝玩乐、物欲享受。如今，书籍——人类积累了远比金山辉煌得多的智慧的结晶，在一枚铜钱的光亮下暗淡无光。如今，人们把对世界的了解，缩减为看电视；把对恋爱的感受，缩减为性交；把对大自然的亲近，缩减为逛公园。如今，人们对价格太计较，对文化价值太轻视。例如，有些人在吃喝、服装等物质方面舍得大把花钱；在客来送往、红白喜事、住宅装修方面更是出手大方。但在购买知识时，在订书刊杂志、购买图书时，则往往是斤斤计较，舍不得花钱，这叫忘却了生命的本来意义。

北京人文学者钱理群说："要用人类、民族文明中最美好的精神食粮来滋养我们的下一代，使他们成为一个健康、健全发展的人。如果今天我们口喊经典阅读，年轻一代或者大众，却都不读原著，只读别人的解释，这就会误事，会造成比我们想象的更加严重的后果，说不定比不读更坏"。

如果我们"以积货财之心积学问，以求功名之念求道德，以爱妻子之心爱父母，以保爵位之策保国家"——我们就会减少许多焦虑浮躁，国家就会繁荣富强。

怎样减少对物质价格的计较，怎样增加对精神价值的重视？一方面，我们每个人要养成购买、订阅书报的习惯。另一方面，政府要拿出可行的措施来，引导倡导公民的文化消费。例如，现在一些地方政府，给老人发放补贴代金券，给生活困难家庭发放购物券，还有些单位给职工发购物卡；与此同时，应再增加一项：发放"代书券"、"购书券"、"购书卡"——以此来构筑一个书香社会。

"书中自有颜如玉"新解　人的外貌是爹妈给的，但美好的精神气质却是后天陶冶出来的，其中一个重要原因便是读书。时下，有些人总感到活得太累，太忙！萎靡不振、面无光彩，精神世界面临枯竭。这是不是忙得连看书的功夫也没有了？书读得多了，它会潜移默化地渗透到你的气质上，你的胸襟情操上，"腹有诗书气自华"，由"心"到形，影响到你的容貌，使你眼光有神，举止文雅……这种美态比起外表的美貌，要耐看得多，正如伏尔泰所说："美只愉悦眼睛，而气质的迷人使灵魂入迷"。"书中自有颜如玉"，该有一种新的解释了。

良好的进餐习惯

◆一日三餐，定时定量。早晨要吃饱，中午要吃好，晚上要吃少。

◆不偏食、不挑食。任何一种食物只能有特定的有限营养成分。长期挑食、偏食，会因缺乏某些营养而影响健康。

◆不吃过热过烫的食物。过热过烫的食物能使口腔和食管受到损伤，使粘膜细胞增生，如再受外界致癌物刺激，就有转变成食管癌的可能。

◆吃饭时少说话。饭前洗手，饭后稍加运动，散步为佳。

◆注意进食之礼。吃饭时，不可用手抓吃，这样，既不文明，又不卫生。要入口的饭，不可再放回食器中。不要将自己的筷子在菜盘里搅来搅去；吃什么菜挟什么菜。吃饭时不可让舌头在口中发出响声。"唯食忘忧"，吃饭时不可唉声叹气。轻拿轻放，细嚼慢咽，文明举止，身心健康。

素语录：认识你自己

认识你自己——在这个世界上最难战胜的是自己——自己的不良行为和思维定势。

第三节　静气贵在"养"
——舒惠国探讨"素生活"

　　浮躁的社会，心静者胜出。诸葛亮给他儿子写信说："夫君子之行，静以修身，俭以养德，非淡泊无以明志，非宁静无以致远。夫学，须静也；才，须学也。非学无以广才，非志无以成学。"读一读诸葛亮一生的体会，可以少点浮躁，养点静气。

　　静气贵在"养"，即靠平时修炼。首先，静靠正气支撑。正气在身，淡泊名利，无欲则刚，无欲则静，心态平静，心有定力，宠辱泰然不惊。其次，读点书，书是是涵养静气的摇篮。越是博学的人，越是视野开阔，处理问题从容不迫，举重若轻。

　　宁静可以沉淀出生活中的杂乱，过滤去人性中的粗俗。宁静的心境是健康的基础。宁静是一种放松机体、恢复精神的自我保健法。所以我们应该每天静坐 10 分钟到半小时，来让自己心神安定。

　　《生态环境与生态经济概述》一书，为我国勾画了生态经济的战略及其当前在实践中应该采取的几个方面的措施。该书对全球生态环境问题和中国生态经济的现状及未来走向，能有一个清醒的了解和把握。

　　书中谈到：生态经济的发展方式和生产方式，以生态环境的整体性和相互影响与制约为前提，强调人类的生产和发展必须自觉承担保护生态环境的共同责任，并为此而协调行动。上游毁林开荒，下游大涝大旱和把河道当成排污沟、把湖泊和海洋当成纳污池的行为，不仅极易引起相邻国家和地区的矛盾纠纷，而且还会引起世界性的关注，例如，热带雨林的大面积砍伐就引起了世界性的忧虑。生态环境的整体性和相互影响性，已要求所有的国家和地区必须实行发展方式和生产方式的生态化变革。

书中指出：从传统的工业化发展方式和生产方式转向生态经济的发展方式和生产方式是一场革命，其意义同一万年前的农业革命和 200 年前的工业革命一样，将开辟出人类文明发展的一个全新时代——生态文明时代。在这一时代里，随之将会出现全新的现代生态思潮：一是生态意识。生态意识是人类文明进步的尺度，人的素质提高是生态建设的关键；二是自然生态与社会生态的一致性，人与环境的普遍适应性等。生态与社会、经济、技术、文化紧密相连，发展科学技术要防止危害环境的种种负效应；三是重视生态环保教育，建立生态理论，制定生态法规，加强生态保护的国际性合作；四是发展生态工业和绿色生态技术，建立绿色生态技术发展规划；五是提倡自然科学家与社会科学家的联盟和合作等等。

舒惠国着重研究和阐述了如何使"生态"与"经济"协调发展，从而达到可持续发展的目的。全书共分三部分，其中，历史篇考察了人类自起源以来的世界环境认识及对策；理论篇从生态学和经济学两个学科发展的大趋势，简要介绍了生态经济学的基本理论问题和基本特征、基本规律；实践篇则着重阐述了生态经济战略、产业和区域运作。还介绍了我国生态经济的布局和区分，介绍了山区、丘陵、平原、湖区和温度、湿度、海拔、日照、差异较大的地区和生态系统的不同特点。

素语录：宠辱不惊、漫随天外

宠辱不惊，闲看庭前花开花落；去留无意，漫随天外，云卷云舒。
听静夜之钟声，唤醒梦中之梦；观澄潭之月影，窥见身外之身。

第四节　我们应过一种什么样的小康生活？
——石中元探讨"素生活"

　　现在我们正在奔向小康，物质生活像芝麻开花一般——节节拔高，然而，我们应过一种什么样的小康生活？

　　眼下，我们正经历着西方消费方式的冲击，即一种建立在高消耗、高污染基础上的生活方式，人人都想买小车，人人都想有小别墅，人人都想享受空调、冰箱、电视电脑带来的好处。但是，我们不能不问，这种消费方式有利于人体的身体健康吗？我们不能不想，我们这块人均资源极为有限的土地，能否承受得住这种生活方式所施加的重负吗？我们也许没有意识到，当我们追逐那种高消耗的生活方式的时候，我们也在不自觉地制造环境灾难，因为正是这种生活方式导致了对自然的掠夺和对全球环境的污染。为此，我的小康生活——就是选择有利于环保的低碳绿色生活。为了倡导低碳绿色生活，我先后撰写了《绿色生活手册》（青岛出版社 2000 年 8 月版），《绿色生活面面观——衣食住行除污染》（金盾出版社 2002 年 12 月版）等书，在社会上产生了影响。

　　什么是"绿色生活"？绿色生活包括哪些方面内容？我在书中指出："绿色生活"是将环境保护与人们的日常衣食住行的生活，融入一体的新文明、新风尚的生活。绿色生活作为一种现代生活方式，包括了日常生活的方方面面。它既涵盖了生产行为，又包括了消费行为。可以将绿色生活概括五个方面：（1）节约资源、减少污染；（2）绿色消费、环保选购；（3）重复使用、多次利用；

（4）分类回收、循环再生；（5）保护自然、万物共存。

　　生活的简单透露出温馨，心情的安详呈现出自由。简朴、适度的绿色生活就是一种生活的乐趣。如果你抛掉了生活中的那些难事，那些浪费奢侈，然后把时间、精力用在一些简单的事情上，做一些有利于环境保护的事情，你的生活必然会自在得多。你会享受到回归大自然的生活乐趣。然而，现在有一些人拥有了太多的物质，却深感身心的疲惫而空虚；殊不知，人们对金钱的欲望、对物质生活的追求是永无止境的。地球能满足人类的需要，但满足不了人类的贪婪，正是由于现代人的虚荣心和盲目、浮躁的追求，才给我们的生存生活空间造成了巨大的压力。所以，我们应该把简朴和适度作为生活的新时尚——用低碳生活的新观念来减轻生活环境对我们的压力。

　　现在的一些富人拥有了太多的物质，却深感身体的疲惫，精神的空虚；其实，简朴、平安、平凡的生活，就是一种幸福。如果你抛掉了生活中的那些难事，然后把时间、精力用在一些简单的事情上，你的生活必然会自在得多。你会享受到返璞归真的生活乐趣。我是赞同"生活简单就是享受"说。简单、干净的绿色生活方式，已经成为现代人的基本修炼之道。

　　修炼之道就在我们的日常生活中，只要你做出一点努力，就能对身边的亲友和周围的环境，产生好的影响：离开房间时，要节约用电；关上电灯、电视、电脑。尽量少用空调，少施化肥，少用农药，以减少对天空臭氧层的破坏。少开车，尽量以步代车或骑自行车，减少对空气的污染（煅炼了腿脚，增进了健康）。不要购买一次性物品，如一次性剃刀、纸杯盒。购买消费品，尽可能选择有绿色认证标志和可回收的产品。避免使用杀虫剂和除草剂，因为它们会渗入泥土，危害水源。应施用有机肥料，如混合肥和粪肥。不购买、不品尝野生动物，劝亲友不要到野外捕猎飞禽走兽……人人从自己做起，从自己身边做起，美好健康的绿色生活就会来到我们的身边。

　　素语录

　　我们尝试一种"物质简单，精神丰裕"的素生活

后 记

一种顺其自然，简单朴素，还原自我，低碳环保的绿色生活方式，正在悄然地流行开来。这种简约时尚的生活方式，既珍爱了地球家园，又让自己的身心得到了释放——我们称之为"素生活"。

素生活是一种新的提法，新的生活方式，尽管本书主要内容是在两位作者众多的著作中提炼加工而成的，但书中内容还有许多不尽如人意的地方，还有诸多缺点和不当之处；更何况，"素生活"正处在现今的人们实践之中，因而，恳请读者不吝指教，以便于再版时修正改进。来信寄石中元电子邮箱：zhongyuan1952@126.com 或 552109718@qq.com。

感谢中国言实出版社的工作人员，他们为此书的编辑、印制、出版发行而忘我地工作，其敬业爱岗精神令人敬佩。

作者

2014 年 1 月 1 日